GERT G. VON HARLING

VON JÄGERN UND GEJAGTEN

Kamingespräche in der Jagdhütte

Müller Rüschlikon

Einbandgestaltung: R2 | Ravenstein, Verden
Titelfoto: ©AIGen - stock.adobe.com – Foto auf der Rückseite: Archiv Gert G. von Harling

Bildnachweis:
Rainer Schmidt-Arkebek: S. 12, 18, 24, 42, 68, 128, 132, 158, 166; Bernhard von Oberg: S. 27, 175; Gert G. von Harling: S. 35; Hans Martin Lösch, Gut Grambow: S. 4, S. 174

Bilder von © stock.adobe.com:
Daniel Pankoke: S. 2-3; udovichenko: S. 5; Vusal: S. 6-7; Delphotostock: S. 8; kichigin19: S. 9; Andy Ilmberger: S. 11; Media Srock: S. 13; Andriy Medvediuk: S. 14; YaD: S. 15; giedriius: S. 16; Dennis Donohue: S. 21; Jambulart: S. 23; WildMedia: S. 28; Custom Media: S. 37; gsshot: S. 40; Vaclav: S. 43; Yulia Mladich: S. 45; szczepank: S. 46; Adam: S. 51; Tidarat: S. 52; bohbeh: S. 55; Cenusa Silviu Carol: S. 65; Danita Delimont: S. 66 (li.); rodimovpavel: S.66 (re.); akk png: S. 70; Paul Wolf Photogrphy: S. 73; idepunto studio: S. 74; Aastels: S. 75; GERHARD: S. 77; 5ph: S. 83; thesweetsheep: S. 87; petrsalinger: S. 90; Fxquadro: S. 93; Birute Vijeikiene: S. 96; chris2766: S. 97; MSS Studio: S. 99 (li.); Artranq: S. 99; (mi.); Monika: S. 99 (re.); EcoSpace: S. 99 (u.); Aleksandr Bryliaev: S. 102; SERSOLL: S. 104; PhotoHunter: S. 106; Stihl024: S. 109; Smileus: S. 110; MaciejBledowski: S. 113; candy1812: S. 116, S. 172; PNG Kingdom: S. 117; Yauhen: S. 121; Ralf Geithe: S. 122; creativenature.nl: S. 124; Karel: S. 127; DZiegler: S. 129; fine1: S. 133; Tazzi Art: S. 134; Karin Jähne: S. 138; andreiuc88: S. 140; taviphoto: S. 151; Yasir: S. 152; kilimanjaro: S. 156; Vitezslav Halamka: S. 157; marugod83: S. 162; mirkograul: S. 168; oly5: Hintergrund; domnitsky: Eichenblatt; preto_perola: Vintagerahmen

Bilder von © Shutterstock.com:
Galla 3000: S. 32; Desain_Anett: S. 59; milart: S. 63; Michalicenko: S. 69; Piotr Krzeslak: S. 79; Mabeline72: S. 143; andreiuc88: S. 146; J. Mateos Grondona: S. 147; Slatan: S. 161; WildMedia: S. 167; Ludwig Endres: S. 170 (li.); Giedriius: S. 170 (re.); AstroStar: S. 171; dashtik: S. 173

ISBN 978-3-275-02315-8

Ein Unternehmen der Paul Pietsch Verlage GmbH & Co. KG

1. Auflage 2024

Sie finden uns im Internet unter www.mueller-rueschlikon-verlag.de

Gesamtleitung: Claudia König
Lektorat: Angelika Glock, www.wuppermanufaktur.de
Innengestaltung: Andrea Horn, Layout-iT!, Dorsten
Druck und Bindung: PBtisk a.s. Pribram
Printed in Czech Republic

Gewidmet meinen Kindern und Enkeln

Ich hinterlasse dieses Buch nicht nur als Erinnerung an mich. Es ist im Stil eines Krimis gehalten und erzählt von jenem Landstrich in der Sowjetunion, aus dem mein Vater nach dem großen Krieg nicht mehr heimkehrte. Ich schrieb es zum Gedenken und als Mahnung, dass wir, durch die Kraft der Schrift, die Vergangenheit ehren und aus ihr lernen. Möge es euch inspirieren und die Erinnerung an unsere Geschichte lebendig erhalten.

Vor 800 Jahren erkannte Graf Adolf von Holstein:
»Die Zeiten ändern sich, die Menschen fahren dahin, die Erinnerung schwindet; aber es bleibt die Schrift und durch sie lebt das Geschehene fort.«

Vorwort

»Du wirst lachen, und du darfst auch lachen: Ich, der Plinius, den du kennst, habe drei Eber erlegt – und zwar wahre Prachtexemplare. »Selbst?«, fragst du. Selbst! Allerdings nicht so, dass ich dabei völlig meine Untätigkeit und Muße aufgegeben hätte. Ich saß bei den Netzen, neben mir lagen weder Jagdspieß noch Lanze, sondern nur Schreibgriffel und -tafel. Ich dachte über irgendetwas nach und machte mir Notizen, um, wenn schon mit leeren Händen, dann wenigstens nicht mit leeren Schreibtafeln nach Hause zurückzukehren. Du brauchst auf diese Art des Studierens nicht herabzusehen; es ist erstaunlich, wie der Geist durch körperliche Tätigkeit und Bewegung angeregt wird, außerdem sind die Wälder ringsum und die Einsamkeit und gerade auch die Stille, die zur Jagd gehört, starke Anreize für das Denken. Deshalb nimm, wenn du auf die Jagd gehst, auf meinen Rat hin neben Brotbeutel und der Feldflasche ruhig auch die Schreibtafel mit. Du wirst die Erfahrung machen, dass Diana in den Bergen nicht mehr herumstreift als Minerva.«

Mein Freund, Gert G. von Harling, ist seit über 60 Jahren in diesem Thema unterwegs. Oder – frei nach Plinius – in beiden Themen. Diana, die Göttin der Jagd, und Minerva, die Göttin der Schönen Künste, sind sozusagen seine Hausgöttinnen. Mit seiner jüngsten Arbeit verlässt er seine vertrauten Wechsel. Zwar spielt die Rahmenhandlung der Geschichte zur Hirschbrunft, doch es sind nicht die starken Geweihträger, die er im Absehen hat. Es sind die zweibeinigen Alphatiere einer Jagdgesellschaft, denen sein besonderes Interesse gilt.

Wer ein übliches Jagdbuch aus der Feder des bekannten Autors erwartet, wird überrascht sein – von Harling bedient sich der Jagd lediglich, um das Psychogramm spezieller Jäger und ihrer Intrigen aufzuzeigen und gleichzeitig die alte Zeit der wirklichen Jäger zu würdigen. Mit diesem Schritt wechselt er keineswegs ins Lager der Kriminalschriftsteller oder Bühnenautoren. Bei aller Wald- und Ungerechtigkeit bleibt dem Leser überlassen, ein Urteil zu fällen.

Bernhard von Oberg

Heide, im Mai 2024

Auf in die Hütte!

Man darf es getrost eine Flucht nennen. In den vergangenen Wochen war ich in Arbeit versunken, und immer noch türmen sich auf meinem Schreibtisch Notizen und unvollendete Manuskripte. Kaum kann ich mich in einen Gedanken vertiefen, schon meldet sich das Telefon.

Ich blicke hinaus auf den Rasen vor meinem Fenster, über ein abgeerntetes Feld, weiter zum nahen Waldrand, wo sich die Bäume bereits herbstlich verfärben. Ich bilde mir ein, das gefallene Laub zu riechen. Mein Schreibtisch ist vergessen – ich rieche den würzigen Waldboden, den wundersamen Geruch von Pilzen und morgendlicher Frische, den Geruch der Freiheit und will weg, fort aus der Enge meines Büros, weg in die grenzenlose Freiheit der weiten Natur.

Aus der tiefsten Seele gesteuert, rufe ich einen Freund in Mecklenburg an. Er besitzt in der Einsamkeit des Waldes eine Jagdhütte. Dort, weit entfernt von jeglicher Zivilisation, will ich mich, wie schon so manches Mal, ohne Telefon, ohne Internet für ein paar Tage einnisten, will ich Ruhe finden, Abstand vom Tagesgeschäft, Abstand von ermüdender Arbeit, statt auf das Telefon zu hören einfach in mich hineinhorchen.

»Kann ich für 'ne Woche in die Hütte kommen?«, frage ich und schildere Bernhard meine Not, dass mir die Decke auf den Kopf fällt und dass ich die Abgeschiedenheit brauche, um wieder zu mir zu finden.

»Natürlich kannst du, aber da ist ein Wermutstropfen. Du wirst dir die Hütte teilen müssen. Mit Georg von Borstel. Ein prima Kerl. Unser Jahrgang, bestes Alter. Wenn dir das recht ist, dann komm!« Mir ist es recht, trotz des Wermutstropfens. Ich habe die Jagdhütte immer als mein eigenes, hochwillkommenes Rückzugsgebiet erlebt, ohne andere Menschen um mich herum, bin etwas enttäuscht, dass es diesmal anders sein soll. Immerhin besser als zu Hause vor dem Schreibtisch. Bloß weg!

Meine Bayerische Gebirgsschweißhündin Diva hat sofort gemerkt, dass es zur Jagd gehen soll. Sie sitzt auf dem Beifahrersitz meines alten Lada Niva und wartet geduldig, während ich unsere Jagdklamotten zusammenpacke.

»Und den Hund willst du bei dem Wetter auch mitnehmen? Das kommt gar nicht infrage!« Meine Frau ist außer sich. Nun rangiert meine Hündin auf der Skala meiner Zuneigung sehr, sehr dicht hinter meiner geschätzten Gebieterin, aber jagen ohne sie, ohne meine Hündin, ist einfach undenkbar, und so ist wenigstens Diva fröhlich, als wir ins Auto steigen. Flinte, Büchse und – nicht zuletzt – das wunderbare Buch *Der vollkommene Angler* von Izaak Walton, einem Zeitgenossen Shakespeares, liegen auf der Rückbank. Ich weiß nicht, warum ich dieses von mir bereits so oft gelesene Buch aus dem Regal gegriffen habe. In ihm preisen ein Angler und ein Jäger sich im Wirtshaus bei Wein und Schmaus gegenseitig die Schönheit ihrer Angel- und Jagdkunst. Vielleicht will ich mich für die Begegnung mit dem noch unbekannten Jagdfreund wappnen?

Wir machen uns auf die knapp 300 Kilometer lange Fahrt zum Jagdhaus. Seit Tagen senden Fernsehen und Radio Sturmwarnungen. Orkanartige Böen rasen über das Land. Für den Norden der Republik ist Hochwasser angekündigt. Über vier statt der sonst üblichen drei Stunden verbringen Hund und ich auf der Autobahn. Die Scheibenwischer sind hoffnungslos überfordert, die vom Himmel stürzenden Wassermassen zu bewältigen. Meine Gedanken kreisen um den unbekannten Jagd- und vor allem Hüttengenossen. Was mag das für ein Mensch – oder, wie ich denke, für ein *Kerl* sein?

Ich hatte bereits von ihm gehört, vor allem gelesen. Er ist ein bekannter Jagdschriftsteller, irgendwie werde ich mich mit ihm gewiss arrangieren, rede ich mir ein. Er wird mich schon in Ruhe lassen.

Die Jagdhütte im Birkholz, drei Kilometer vom nächsten Dorf entfernt, ist ein idyllisches Plätzchen, so wie man es sich in unserer von Hektik und Unruhe geprägten Welt nur erträumt. Sie ist in den Fünfzigerjahren auf einer Blöße im Wald unter hohen Kiefern erbaut worden. In ihr Inneres ist seitdem kaum ein Hauch von Technik gedrungen, keine Elektrizität, kein Anschluss für fließendes Wasser stört die Ursprünglichkeit.

An der Außenwand der Hütte hängt über dem Eingang das Geweih eines ungeraden Achters. Woher das schwache Rothirschgeweih stammt, weiß niemand mehr zu sagen. Gewiss nicht aus dem Birkholz, hier kommt seit Menschengedenken kein Rotwild mehr vor. Drei Stufen führen zu einem überdachten Vorbau hinauf, dessen stabiles Holzgeländer schon so manchen beschwipsten Jagdgast vor einem Sturz in die Tiefe bewahrt hat.

Bevor man das Innere der Hütte betreten kann, muss ein schweres Vorhängeschloss an einem breiten Eisenband, das die Tür sichert, geöffnet werden. Erst dann gelangt man in den 20 Quadratmeter großen Wohnraum. Ein gewaltiger Eichentisch, eine breite Sitzbank und mehrere Stühle nehmen auf der linken Seite den größten Platz ein. Rechts steht eine Spüle und unter zwei Hängeschränken der Holzherd. Auf der Frontseite befindet sich ein Kamin, davor zwei schwere Sessel, links und rechts davon Schiebetüren zu den beiden Schlafräumen mit je zwei übereinander montierten Kastenbetten. An der Wand über der Sitzbank hängt ein Gemälde mit einem röhrenden Hirsch in einem Wiesental. »Hier kann ich meine Kitsch-Sehnsucht richtig ausleben«, begründet der Besitzer der Hütte das Relikt aus der Zeit der Romantik.

Hohe Kiefern, alte Buchen, unter deren Schatten die Sauen nach Bucheckern brechen, sowie urige Überhältereichen, die jährlich reiche Mast tragen und Wild anziehen, verbergen das romantische Anwesen vor unerwünschten Blicken neugieriger Waldwanderer. Der holprige Sandweg, der zwei Kilometer vorher von der Asphaltstraße abzweigt und sich ins Birkholz schlängelt, verlockt kaum jemanden dazu, vom Hauptweg abzubiegen.

Viele fröhliche Wochenenden habe ich hier im Kreise meiner Jagdfreunde verbracht, aber vor allem ist die Hütte für mich ein Rückzugsort, wenn ich mit meinem Hund allein sein möchte. Hier finde ich Ruhe, kann meine Gedanken ordnen, der Hektik des Alltags entfliehen, neue Kraft schöpfen. Nun habe ich das Gefühl, die vor mir liegende Woche wird anders.

Es ist schon dunkel, als ich die mir so vertraute Hütte erreiche. An den Fenstern dringt hinter schweren, geschlossenen Holzläden ein spärlicher Lichtschein durch die Spalten.

Aus dem kleinen Schornstein steigt Rauch, wird aber sogleich vom Wind erfasst und fortgetragen. Mein unerbetener Mitbewohner ist also schon da und hat ein Feuer im Kamin angezündet. Es ist kalt.

Diva springt fröhlich zur Tür, aus der eine Gestalt tritt, während ich Rucksack, Gewehre und Fernglas aus dem Kofferraum krame. Und halt, das Buch. Ich erkenne einen fast zwei Meter großen, schlanken Mann. Er kommt auf mich zu und streckt mir mit einem breiten Lächeln seine Hand hin: »Georg von Borstel«, stellt er sich vor und nimmt mir Rucksack und Gewehre ab, um alles in die Hütte zu tragen. Mit ihm muss ich nun wohl oder übel eine Woche lang das mir so vertraute Domizil, in dem ich viele einsame Stunden verbracht habe, teilen.

Um es vorwegzunehmen: Von Borstel und ich rührten in der Woche, in der wir gemeinsam in der Hütte hausten, unsere Waffen kaum an. Wir näherten uns in erster Linie keinem Wild, sondern machten Pirsch auf Jagd und Jäger. Sitzen Waidmänner zusammen, reden sie ja normalerweise über Hunde, Wild, Gewehre oder Kaliber, wir sprachen über – Jäger. Und kamen zu dem ernüchternden Schluss, dass sich alle Eigenschaften unserer Zivilgesellschaft auch in der Gesellschaft der Jäger widerspiegeln. Wir sprachen allerdings auch über die Jagd, wie sie uns in unserer Jugend beigebracht wurde – fairer Wettkampf der Sinne zwischen Mensch und Tier – und über die Jagd im 21. Jahrhundert.

Die Jagd, wie sie einmal war, galt als hoch entwickelte Kunst. Sie war ein Zusammenspiel von guter körperlicher Kondition, Geduld, Kenntnissen über die Natur und respektvollem Umgang mit dem Wild, wohingegen heute Wild oft mit hocheffizienter Technik »gemanagt« wird. Ich hatte mir selten tiefergehende Gedanken über die grüne Zunft gemacht. Jäger waren für mich eine auserlesene, hochherzige, naturverbundene Gruppe, eine ehrenwerte Gesellschaft, in der weder Neid noch Kleinlichkeiten Platz haben.

Aber dann berichtete Georg von Borstel von einer Gesellschaftsjagd in Russland, in deren Verlauf er ein anderes Bild vom *Edlen Waidwerk* bekommen hat.

Begegnung im Wald: Der Beginn einer Jagdgeschichte

Erster Kaminabend:
Mit dem neuen Freund
oder: Abschied von der *Hohen Kunst des Jagens*?

Nachdem ich Gewehre, Schlafsack, Buch und die restlichen Utensilien in der Hütte verstaut habe, machen wir es uns vor dem Kamin gemütlich. Das Knistern sorgt für eine behagliche, stimmungsvolle Atmosphäre. Wir trinken Sekt auf unser Kennenlernen sowie auf erholsame, entspannende Jagdtage.

Offensichtlich sind wir uns gegenseitig sympathisch, denn schon bald wechseln wir vom *Sie* in das freundschaftliche *Du*. Diva fühlt sich augenscheinlich auch wohl in der ihr vertrauten Umgebung und macht es sich auf der Sauschwarte bequem.

»Lagerfeuer spielen in meinem Leben eine große Rolle«, sagt Georg. »Überall auf der Welt bin ich schon gewesen, habe in Dschungeln, Steppen, Wüsten, Gebirgen und Savannen, in der Arktis und auf dem Gegenpol gejagt und mich in der Einsamkeit so manches Mal unsicher, mitunter getrieben gefühlt. Als Jäger hat mir dann ein Feuer nicht nur Wärme gegeben und die Möglichkeiten, Kleidung zu trocknen, Wasser zu kochen und Wildbret zu grillen, sondern auch das Gefühl der Sicherheit. Die Flammen gaben mir Zeit und Raum zum Träumen. Von einem alten Indianer in der kanadischen Wildnis habe ich gelernt: ›Der weiße Mann macht ein großes Feuer und stellt sich weit weg. Wir Indianer machen ein kleines Feuer und setzen uns ruhig davor, damit die Wärme, das Licht und die Bewegungen der Flammen unseren Geist beflügeln.‹

»Ja«, erwidere ich, »das kenne ich nur zu gut.«

Von Borstel blickt ins Feuer, starrt geradezu in die Flammen: »Mir brennt der Schein immer wieder aufs Neue das Bild ungebändigter Freiheit ins Gedächtnis. Lagerfeuer geben mir Optimismus, Hoffnung und Trost, egal, ob in ausweglos erscheinenden Notsituationen, nach strapaziösen Jagdzügen oder unerfreulichen Erlebnissen mit Jagdgästen.«

Ich staune, dass er unerfreuliche Erlebnisse mit Jagdgästen erwähnt, und nehme mir vor, da auf jeden Fall später nachzufragen, will meinen neuen Bekannten aber nicht unterbrechen, denn er lässt seinen Gedanken gerade freien Lauf:

»Die Jagd zu meinem Beruf zu machen – das war lange mein heimlicher Traum, und für diesen Traum habe ich aufgegeben, was für viele so erstrebenswert scheint: eine sichere Anstellung bei einer Großbank. Ich habe es nicht bereut, und immer waren es Lagerfeuer, die meine Gedanken beflügelt haben, mir Zeit und Raum zum Träumen gaben, genau wie der Indianer es formuliert hat …«

Mir gefällt es, wie Georg erzählt, einfach so, ohne darauf zu warten, dass ich kommentiere oder von mir erzähle. Ich glaube, es ist mittlerweile ungewöhnlich in der normalen Welt, im Geschäftsalltag, den viele auch nicht aus dem Privatleben ausblenden können. Ich stehe einfach auf, wortlos, und lege noch drei Scheite auf unser Kamin-Lagerfeuer. Georg gießt unsere Gläser voll, und wir prosten uns zu.

Nach einer Pause fährt er fort: »Der Volksmund sagt: ›Holz wärmt dreimal – beim Fällen des Baumes, beim Spalten und Stapeln der Scheite sowie beim Verbrennen.‹ Meine Güte, wie oft habe ich die mühselige Arbeit verwünscht: Holz sammeln, hacken, transportieren … Aber mitunter hat mich das sogar am Leben erhalten, mir Zuversicht gegeben. Feuer und genügend Holz haben für mich so manches Mal die Grenze zwischen Leben und Tod markiert. Hatte ich wenig, musste ich frieren, hätte ich zu wenig gehabt, wäre ich erfroren.«

Mein neuer Bekannter nippt an seinem Glas, und unsere Blicke wandern zu den Trophäen an den Wänden. Der Schein der Flammen tanzt über sie hinweg und erweckt sie scheinbar zum Leben. Das spärliche, unruhige Licht aus der Feuerstelle verwandelt ihre gespenstischen Schatten auf der von Qualm dunklen Holzwand in schaukelnde, geisterhafte Gebilde. Wir wissen beide nicht, wer die starken Geweihe, Gewehre und Gehörne an der Wand der Hütte erbeutet hat, trotzdem fühlen wir eine vertraute Verbindung zu ihnen.

Und Georg erzählt weiter, nachdem ich unsere Gläser wieder vollgeschenkt habe. »Trophäen haben in meinem Leben immer eine herausragende Rolle gespielt. Für viele Menschen sind es nur nichtssagende Knochen, doch jeder kann seine eigene Erleger-Geschichte erzählen. Harmlos oder haarsträubend, unglaubhaft oder unvergesslich, aufregend oder anrührend, komisch oder kritisch, mitreißend oder melancholisch, tragisch, spannend, manchmal auch gefährlich. Trophäen sind aufbewahrte Erinnerungen, die Bedeutung einer Reise, eines Tages, einer Stunde, eines Augenblicks, aber eben nur für den, der sich für sie abgemüht hat.«

»Viele meiner Gäste haben Schwierigkeiten zu begreifen, dass wir Menschen nur ein kleiner Teil der Schöpfung sind, nicht deren Zentrum. Ich habe Gäste geführt, die nur der Trophäe wegen mit mir jagen wollten«, erinnert sich Georg. »Furchtbar! Welch erbärmliche Jägerei, die nur Freude an einem Stück Wild empfindet, wenn es zwei blanke, starke Knochen zwischen den Lauschern trägt! Für mich zählt das Erlebnis, nicht das Ergebnis, zählt die Jagd, nicht die Trophäe.

Ich verstehe nicht, dass jemand viel Geld bezahlt, um ein besonders kapitales Stück Wild zu töten, die Erbeutung einer wenig attraktiven Trophäe für sie aber reizlos ist. Du wirst es kaum glauben: Ich sah wegen Nadler- oder CIC-Punkte vertraute Jagdgesellschaften aus egoistischer Triebbefriedigung auseinandergehen, Männer in den Ruin stürzen, ja, sogar eine Ehe zerbrechen. Manche meiner Kunden kennen zwar den Preis von allem, aber den Wert von nichts.«

Seine Worte schwingen nach. Ich werfe meine eigenen Gedanken ein: »Für mich sind Trophäen wie Orden: Man kann sie nicht kaufen – man muss sie sich ehrlich erkämpfen, erarbeiten, verdienen.«

Im Schein des Feuers sehe ich Georg lächeln: »Viele Gäste buchen Jagdreisen aus Sucht nach Anerkennung, glauben, eine kapitale Trophäe steigert das Ansehen im Freundeskreis. Sie faseln von einem *richtigen* oder *falschen* Hirsch, von einem richtigen oder falschen Alttier haben sie nie etwas gehört.

Die Erbeutung einer Trophäe, die Kunst des Jagens, des Überlistens, wird häufig dem Organisator der Jagd überlassen, die Gäste folgen lediglich seinen Anweisungen, übernehmen die Exekution, fühlen sich aber als große Nimrode und lassen sich feiern. Vorrangig ist für sie, dass sie nach Rückkehr von der Safari eine starke Trophäe präsentieren und spannende Geschichten erzählen können, doch sie sind bei der Jagd nur Statisten.«

Georg ist seine Empörung anzumerken. Ich kann mir nur schwer vorstellen, wie er sie vor Jagdgästen zu verbergen vermag. Weil ich so gut verstehe, was er meint, beschließe ich, meinen neuen Kameraden in seinem Redefluss ab jetzt nicht mehr zu bremsen.

In unseren Gläsern perlen goldene Luftbläschen wie aus dem Nichts empor, so wie Erinnerungen an eine unbeschwerte Jugendzeit, die nun bei Georg wach werden. Erst undeutlich, verschwommen, nehmen sie allmählich Konturen an. Er taucht ein in die Vergangenheit, erzählt, als würden wir uns schon seit Ewigkeiten kennen.

»Ja, Gert, wir dürfen nicht vergessen: Die jagdlichen Verhältnisse haben sich seit unserer Kindheit verändert. Die Männer, die uns geprägt haben, waren Persönlichkeiten, die das traditionelle Waidwerk, die *Hohe Kunst des Jagens*, beherrschten. Doch die Jägerei hat eine ungeheure Revolution erlebt. Kenntnisse über jagdliches Handwerk und Jagdpraxis wird von *Hightech* abgelöst. Wissen über Fauna und Flora ist nicht mehr selbstverständlich. Wer kann noch eine Mönchsgrasmücke von einer Dorngrasmücke unterscheiden oder einen Birkenpilz von einer Marone? Ausgeklügelte Technik, um mit wenig Zeitaufwand und Mühe viel zu töten, ist *in*. Das Wissen um und die Ehrfurcht vor Gottes Schöpfung spielen nicht mehr die Rolle wie früher, ja, was uns nach alter Familientradition vermittelt worden ist, wird von ›modernen‹ Jägern bisweilen belächelt.

Mein Vormund riet mir, einen *vernünftigen* Beruf zu erlernen, Geld zu verdienen, mir dann einen Berufsjäger zu leisten und eine Jagd zu pachten, anstatt meinen Lebensunterhalt als Jagdführer zu fristen. Ich habe mich anders entschlossen und meinen Lebenstraum wahr gemacht. Für mich ist Jagen nie eine Nebensache gewesen, sondern immer die Urform der Arbeit. Jagdpassion und Fernweh brennen mir seit frühester Jugend in meinem Herzen. Jagen ist für mich eine Weltanschauung, sie hat meinen Lebenslauf bestimmt und prägt bis heute meinen Lebensstil.«

Im Schein des Feuers sehe ich Georg in seinem Sessel lächeln, als er mir zunickt.

»In meiner Ahnenreihe gibt es begeisterte Jäger und bekannte Forstbeamte, für die Jagen Beruf und Berufung gleichermaßen war. Jagen beeinflusst seit Generationen das Leben in meiner Familie. Es hilft mir, meinen Wurzeln nahe zu sein. Es gab mir Kraft, einen ungewöhnlichen Lebensweg zu gehen. Ich empfinde es als Pflicht, diese Tradition fortzusetzen«, fügt er hinzu.

An diesem unserem ersten gemeinsamen Abend halten wir lange vor dem Feuer aus, erzählen und prosten uns zu. Die Zeit vergeht wie im Fluge. Die ersten Vögel kündigen bereits die Morgendämmerung an, als wir es uns endlich in unseren Schlafsäcken bequem machen. Meine Enttäuschung darüber, dass ich die nächsten Tage nicht allein in der Hütte sein werde, ist längst verflogen. Ich freue mich darüber, dass ich einen so interessanten Gesprächspartner gefunden habe, und auf die Fortsetzung seiner Erzählungen.

Am Kaminfeuer: Geschichten über die Evolution der Jagd

Zweiter Kaminabend: Waidmannsheil! Von einem, der auszog, Großwildjäger zu werden

oder: Vom Jagdtourismus leben?

Wir sitzen wieder vor dem Kamin, sprechen über allerlei belanglose Dinge, aber ich hoffe, Georg wird mehr aus seinem Leben als Jagdführer erzählen.

Draußen ist es ungemütlich kalt, und es regnet. Die Fenster sind geschlossen. Wir haben das Zimmer nur notdürftig gelüftet. In der muffigen Hütte schwebt noch eine Mischung aus kaltem Tabakrauch, Alkohol und Knoblauch vom vergangenen Abend respektive Morgen.

Georg drückt seine Zigarette aus und schüttet den Inhalt des randvollen Aschenbechers in das kleiner werdende Feuer. Es wird kühler. Ich gehe hinaus und hole einen Arm voll Holz. Kalte Luft strömt durch die offene Tür in den stickigen Raum. Ich staple den Vorrat neben die Feuerstelle und werfe einige Scheite in den Kamin, sodass das Feuer Nahrung bekommt. Flammen prasseln auf, Funken fliegen empor, züngeln hoch und verlöschen langsam. Dem anheimelnd munteren Knistern und unruhigen Licht folgt die Stille der Glut. Ruhe breitet sich aus. Ab und zu knallt ein Funke.

Georg betrachtet versonnen die gewaltige Sauschwarte unter dem schweren Holztisch und dann die schwarzen, von Zigarettenkippen in den blank gescheuerten Fußboden gebrannten Löcher. Anschließend wandern seine Blicke zu den Trophäen an der Wand. Ein präparierter Birkhahn in Balzstellung, zwei schwache Rothirschgeweihe, die Schultermontage eines Widders, einige Rehbockgehörne und Keilerwaffen.

Mir ist unser Gespräch vom Vorabend nicht aus dem Kopf gegangen. »Was hat den Ausschlag dafür gegeben, dass du deinen Job bei der Großbank gekündigt hast und Großwildjäger geworden bist?«, dränge ich Georg neugierig weiterzuerzählen.

Gedankenversunken rückt er seinen schweren Ledersessel näher an den Kamin, schließt die Augen, und gespenstisch scheint die Vergangenheit auf leisen Sohlen heranzuschleichen. Erinnerungen gleiten durch den Raum, Gestalten stehen auf, erst noch nebelhaft, dann greifbar nah, sieht Georg offenbar seinen Freund Carlos vor sich, als er mir nun von ihm berichtet:

»Karl Wagner war ein wahrhafter Freund von mir. Carlos. Er hatte mit alten Familientraditionen gebrochen, war mit 22 Jahren nach Südamerika ausgewandert, hatte es in Venezuela als Kaufmann zu bescheidenem Wohlstand gebracht und konnte es sich leisten, den größten Teil des Jahres mit Jagen und Fischen zu verbringen. Ich hatte seinerzeit, als ich ihn kennenlernte, einen Job bei einer Bank in Caracas.«

Lebe deine Träume!

»Wir sind damals oft den Spuren Alexander von Humboldts gefolgt, haben unter lebensgefährlichen Bedingungen in den Llanos, Steppen und Urwäldern gejagt«, fährt Georg fort. »In der menschenleeren Savanne unterhielten wir uns viel über Jagdauffassungen kultivierter Europäer und solcher Menschen, die in, von und mit der Natur leben. Wie unverdorben ist man doch in der Steppe, wie entfernt von Jagdneid, übertriebener Selbstdarstellung, Prahlerei und Trophäensucht.

Ich weiß noch, einmal hatte ich einen Weißwedelhirsch geschossen und in der Steppe zerwirkt. Während ich das Fleisch auf meinen Packsattel schnürte, schleuderte mein Begleiter Jose den Kopf des Hirsches, ›die sperrigen Knochen‹, wie er es nannte, in die Büsche. Ich habe sie, meine Trophäe, zurückgeholt und ebenfalls an den Sattel gebunden, da schüttelte Jose nur den Kopf: ›Señor, ich wusste nicht, dass man die Hörner auch essen kann.‹

Ich frage mich heute manchmal: Wie würde mein Weggefährte von damals, der Tag für Tag damit beschäftigt war, seine vielköpfige Familie unter harten Lebensbedingungen sattzubekommen, beim Studieren einer modernen Zeitschrift reagieren? Auf einer Seite stehen aufwendige Kochrezepte und Tipps für Weine, die geschmacklich auf Hummer, Schnecken, Geflügel oder Ähnliches abgestimmt sind, auf der nächsten wird eine Schlankheitsdiät angepriesen. Dass Tiere einen anderen Nutzen haben als den, der menschlichen Ernährung zugeführt zu werden, konnte er sich nicht vorstellen.«

Ich kann Georgs Gedanken gut nachvollziehen, habe aber immer noch das intensive Bild von den »Hörnern« an seinem Sattel vor Augen: »Georg, was hast du dann letztlich mit dem Geweih gemacht?«

Mein Mitbewohner lacht: »Das abgeschärfte Haupt des Hirsches haben wir an einer Drahtschlinge in einen Fluss gehängt. Nach einer knappen halben Stunde zog ich es aus dem Wasser, und Piranhas hatten den Schädel fast vollständig vom Fleisch befreit.

An einem einsamen Lagerfeuer hat mir Carlos später den Rat gegeben: ›Träume nicht dein Leben, lebe deinen Traum! Spring über deinen Schatten, hör auf zu träumen, mach einfach mal etwas wirklich.‹«

Georg ist dem Rat des Freundes damals gefolgt und ging ein wirkliches Risiko ein. Er setzte sich über die Bedenken seiner Familie und Freunde hinweg, kündigte seinen lukrativen Job, machte sich selbstständig und bestritt seinen Unterhalt fortan mit der Jagd. Ich kann ihn verstehen. Ich glaube, wer sich fürchtet, ein Wagnis einzugehen, kann nie so ernüchtert oder enttäuscht sein oder leiden wie jemand, der träumt und seinen Träumen folgt. Georg hatte jedenfalls nie bereut, dem Rat Karl Wagners gefolgt zu sein.

Sein Gesicht wird allerdings mehr als nachdenklich, als er mir erzählt, welche Wendung das Leben seines Freundes nahm: »Carlos hat seinen Lebensabend in der Schweiz verbracht – seine Frau wollte es so. Sie war Schweizerin, und er fügte sich, führte dort ein Leben, wie ich es mir nicht mehr vorstellen kann, sorgenfrei, in spießigen Verhältnissen. Ein Leben ohne Abenteuer, ohne Nervenkitzel. Carlos lebte am Ende nur noch in einer Welt der Erinnerungen und Träume.

Ich hingegen fand meine Bestimmung, habe Jagdreisen in alle Welt organisiert, begleitet und geführt. Aus der Nähe zur Natur, aus dem engen Kontakt zu Tieren und Pflanzen schöpfte und schöpfe ich Energie, Zuversicht und Vertrauen für neue Aktivitäten, aber auch Kraft für Begegnungen mit ungewöhnlichen Jagdgästen.«

Da waren sie wieder, Georgs ungewöhnliche Jagdgäste. »Was meinst du eigentlich genau mit ungewöhnlichen Jagdgästen?«, frage ich nach. Georg blickt mir direkt in die Augen: »Es ist schon so: Die Geschäfte mit der ›Ware Trophäe‹ laufen gut. Seit Jahrhunderten reisen Jäger in ferne Gefilde zum Jagen und mieten sich dafür Helfer. Gründe sind mangelnde Jagdmöglichkeiten daheim, komplizierte Abschussrichtlinien oder Anfeindungen durch Ideologen und Tierschützer im eigenen Land. Meine Gäste sprechen kurioserweise von Jagdtourismus, *trophy hunting, conservation hunting, green hunting,* mitunter auch von Großwildsafari. Sogar bei *canned lions*, Löwen, die in Gefangenschaft gehalten und von sogenannten Jägern abgeschossen werden, und bei speziell zum Abschuss gezüchteten Fehlfarben sowie ›künstlich‹ erzeugten Trophäen in Kleingattern oder bei in eingezäunten Gehegen eingepferchten Sauen ist die Rede von *hunting*. Es ist traurig: Auch Fehltritte, Fehlabschüsse oder unethisches Verhalten werden manchmal unter Jagd verbucht.

Ich muss gestehen: Jagdtourismus ist ein knallhartes Geschäft, in dem wenig Platz ist für Sentimentalitäten. Die Konkurrenz wird rücksichtsloser und setzt sich manchmal sogar über Gesetze oder gute Sitten hinweg. Auch meine Klientel wandelt sich. So wie unsere Väter jagen nur noch wenige. Die Zahl der Jagdscheininhaber in Deutschland wird zwar immer größer, die Zahl der Jäger aber immer kleiner. Viele Kunden zahlen, um zu schießen und zu töten, wenige, um zu jagen, ich erzählte es ja bereits. Aus Abenteuern, wie ich sie als junger Mann suchte und fand, wird vergnüglicher Tourismus. Ich habe viele begeisterte und dankbare Gäste geführt, bei manchen aber war es eher Führung zu einer Exekution. Wenn du magst, erzähle ich dir morgen von einer Reise nach Russland, nun lass uns schlafen gehen, ich bin ziemlich müde.«

Wir gehen noch einmal vor die Tür. Es regnet und stürmt. Selbst mein Hund halt es draußen nicht lange aus und zieht sich auf seine Sauschwarte zurück. Auch Georg und ich verkriechen uns in unseren Kojen.

Das genetische Erbe unserer Vorväter: Wir alle sind heute noch Jäger und Sammler

Dritter Kaminabend:
Russland – mehr als eine Jagdreise
oder: Der Vater blieb in Sibirien

Als ich erwache, steht Georg vorm offenen Fenster und blickt hinaus in den Wald. Es nieselt. Der Himmel ist bedeckt. Es stürmt, der Regen wird stärker. Wir haben beide keine sonderliche Lust, bei der Witterung und den geringen Erfolgsaussichten auf Jagd zu gehen, nehmen das ungemütliche Wetter als willkommene Ausrede, um wieder in unsere Schlafsäcke zu kriechen, bis der Hund schließlich nach draußen drängt. Ich bringe meinen jagdbesessenen Mitbewohner aber von seinem Plan ab, sofort hinaus ins Revier zu ziehen: »Es wäre vernünftiger, zur *dummen Stunde* rauszugehen. Der Wind lässt vielleicht nach, und das Wild kommt zwischen elf und ein Uhr auf die Läufe. Äsen, ruhen, wiederkäuen – das ist nun einmal der vorgegebene Rhythmus, dem alle Wiederkäuer auf der Welt unterworfen sind«, versuche ich ihn zu überzeugen.

Während ich in der Hütte notdürftig für Ordnung sorge, dreht Georg sich noch einmal in seiner Koje um und macht sich erst auf, als Wind und Regen nachlassen. Er wusste einfach, wann alte Böcke unterwegs sind. Und der Erfolg gab diesem gewieften Jäger recht: Zur Mittagszeit kommt er mit einem älteren Sechser zurück, den er nicht weit entfernt von der Hütte erlegt hat. Ich habe indes die Zeit genutzt, endlich ein paar Seiten in Waltons Angler-Buch zu lesen, und unterbreche jetzt meine Lektüre.

Das Essen ist gesichert. Leber, Herz und Nieren des Bockes schmoren schon bald in der Pfanne auf dem Hüttenherd. Während Diva immer unruhiger wird und Geschmacksfäden zieht, wabert der Geruch von gebratenen Zwiebeln und Äpfeln durch den Raum. Wir genießen ein köstliches Mahl, und Georg berichtet, wie er den Bock mit dem Wisch angegangen ist. Jagen mit dem Wisch, eine Jagdart, die schon lange dem Vergessen anheimgefallen ist. Auch ich habe mich oft eines großen abgeschnittenen Zweiges bedient, den ich als Deckung vor mir herschob, wenn ich ein Stück Wild über eine freie Fläche mit niedrigem Bewuchs anrobbte.

Draußen stürmt es unvermindert weiter. Diva hat sich mehrmals um die eigene Achse gedreht, dann auf die Sauschwarte plumpsen lassen und ist wieder eingeschlafen. Ich habe Holz herbeigeschleppt, neben den Kamin aufgeschichtet und versuche nun ein Feuer zu entzünden. Offenbar drückt der Wind in den Schornstein. »Wo Rauch ist, ist auch Feuer!«, kommentiert Georg lächelnd meine Bemühungen. Irgendwann beginnt es dann auch tatsächlich zu brennen, der Qualm verzieht sich, und wir starren in die knisternden Flammen.

»Ich habe gelesen, du bist gerade vor Kurzem von einer erfolgreichen Jagdreise aus Russland zurückgekommen«, beginne ich ein Gespräch.

Ich hatte tatsächlich von ihm gelesen, aber das konnte ich damals noch nicht in Verbindung bringen mit dem Mann, mit dem ich hier am Feuer sitze.

»Erfolgreich? Was heißt schon erfolgreich? Am Ende der Reise hatten wir unter anderem sechs Hirsche geschossen. Ja, finanziell hat sich die Reise für mich gelohnt, aber erfolgreich? Ist eine Jagd erfolgreich, wenn man viel geschossen hat? Ist die Höhe der Strecke wirklich ausschlaggebend für den Erfolg einer Jagd?«

»Für dich muss es doch der Maßstab sein, schließlich hast du lange und nicht schlecht davon gelebt. Je mehr deine Kunden schießen, je stärkere Trophäen sie nach Hause bringen, desto besser ist es doch für dein Renommee und auch für deinen Geldbeutel«, entgegne ich. Georg scheint nicht gehört zu haben, was ich gesagt habe.

»Was fasziniert dich so an Russland? Wie bist du darauf gekommen, ausgerechnet in Russland zu jagen?«, frage ich nach längerem Schweigen meinen neuen Freund und lausche dann gespannt seinen Ausführungen.

Vergangenheit vergeht nicht

»Mit Russland verband ich früher keine guten Erinnerungen. Alaska, Asien, Neuseeland, Kanada, Südamerika – und vor allem: Afrika! Ja, überall in der Welt habe ich gejagt. Überall dort habe ich mich heimisch gefühlt. Und dann stand eine Reise an, die ich bereits mehrfach vor mir hergeschoben hatte. Etwas hatte mich zögern lassen, wieder nach Sibirien zur Jagd zu fahren.

Russland war für mich das Reich des Bösen. Nicht, weil es ein amerikanischer Präsident mal so genannt hat. Ich erinnere mich aber an die Gespräche der Erwachsenen, die am Ende des Krieges, ich war da noch ein Kind, versucht hatten, sich auf der Flucht aus Ostpreußen Richtung Westen vor der wütenden Soldateska in Sicherheit zu bringen. Die Rede war von endlosen Trecks, erschossenen Flüchtlingen und toten Pferden, links und rechts der tief verschneiten Straßen. Ich hatte auch von dem Aufruf gehört, deutsche Frauen zu vergewaltigen, von betrunkenen Russen, die, als der Krieg bereits vorüber war, plündernd durch die Dörfer vagabundierten und von anderen Gräueltaten der Russen, die sich als Befreier feiern ließen. Aber vor allem hing meine Ablehnung wohl damit zusammen: Mein Vater war als Soldat in Sibirien geblieben.«

Georg lässt seine Worte nachhallen. Sein Vater ... In Sibirien geblieben ... Mir erklärte das, warum sich ein Vormund um Georgs Berufswahl gekümmert hatte.

»Beim ersten Mal Russland musste ich mir also klarmachen: Ich fuhr ja wegen der Jagd, wenn du so willst, aus beruflichen, geschäftlichen Gründen, auf jeden Fall mehr oder weniger freiwillig Richtung Osten. Mein Vater hingegen hatte gegen seinen Willen seinen Betrieb, seine junge Frau, seine Familie, seine Heimat verlassen und hatte in den Krieg ziehen müssen. Hätte er sich geweigert, wäre er vor ein Kriegsgericht gekommen und erschossen worden. Es kamen Feldpostbriefe aus Russland, und ich erinnere mich, wie meine Mutter beim Lesen geweint hatte. Sie hat die alten Briefe wieder und wieder gelesen, denn neue blieben irgendwann aus. Dann war da plötzlich doch Hoffnung auf ein Wiedersehen, als meine Mutter erfuhr, dass ihr Mann in Gefangenschaft geraten war. Nach dem Krieg kam dann die schreckliche Nachricht: Er war gefallen. Ich habe zeit meines Lebens darunter gelitten, ohne Vater aufgewachsen zu sein.

Wir waren in der Volksschule damals 24 Kinder in der ersten und zweiten Klasse. Nur vier von ihnen hatten noch einen Vater. Und ich wurde, wie es heute heißt ›gemobbt‹, weil ich als Sohn eines ›Junkers‹ schuld daran war. Wir erfuhren viel über die Gräuel des Krieges und die Toten in Konzentrationslagern, über Kriegsgefangenenlager wurde nicht gesprochen. ›Das ist etwas ganz anderes‹, behauptete mein Lehrer, als ich geäußert hatte, mein Vater wäre in Russland geblieben. Die Antwort habe ich nicht verstanden. In meiner jugendlichen Unbefangenheit war jeder Mensch, jedes Tier, jedes Lebewesen zwar anders, aber sollte es wertvolles und wertloses, minderwertiges Leben in der Natur geben?

Im Park einer Kleinstadt, unweit des Nord-Ostsee-Kanals, der früher Kaiser-Wilhelm-Kanal hieß, fand ich später ein Denkmal des Bildhauers Willi Schwinghammer. So wuchtig auch der Name des Breker-Schülers daherkam, so zerbrechlich ist die Figur auf dem gemauerten Sockel der Anlage: ein ausgemergelter Mann mit freiem Oberkörper und seitlich herabhängenden Armen.

Der Künstler hatte sich darauf spezialisiert, an Gefangene und Gefallene, Uniformierte und Zivilisten, Männer, Frauen und Kinder, Säuglinge und ungeborene Opfer des großen Krieges hier und andernorts zu erinnern. Sie alle hatten einen hohen Preis entrichtet: ihr Leben. Dieses Denkmal, dieses Gedenken hat mich tief beeindruckt.

Einige Jahre später erfuhren wir dann, dass mein Vater keinesfalls gefallen war. Spätheimkehrer, die mit ihm gemeinsam in Gefangenschaft geraten waren, berichteten: Das letzte Mal wurde er in einem Arbeitslager in Sibirien gesehen. Es hieß Borovoi. Viel mehr wusste ich nicht. Ich habe ihn ja selbst nie kennengelernt. Natürlich weiß auch ich, dass viele Kinder unserer Generation dieses Schicksal teilen.«

Ich hake nach: »Aber du bist trotzdem nach Russland ...?« Georg nickt: »Auf einer internationalen Jagdmesse hatte ich Eugen kennengelernt, einen ehemaligen russischen Offizier. Ich bin seiner Einladung nach Russland gefolgt und habe mit ihm viele Nächte am Lagerfeuer geteilt. Wir jagten gemeinsam in Taiga, Tundra und Steppe. Meine Güte, waren das strapaziöse Wochen im menschenleeren Osten. Wir haben Luchsen und Wölfen nachgestellt, stimmungsvolle Abende im Kirovgebiet genossen, auf Raufußhühner,

Schnepfen und Bären in der grenzenlosen Wildnis im westlichen Russland gepasst. In den ewig weiten sibirischen Wäldern pirschten wir auf kapitale Rehböcke und Elche und verbrachten unvergessliche Wochen, Monate in der Wildnis.

Welch gewaltige Dimensionen das ehemalige Zarenreich und also auch die ehemalige Sowjetunion hatte, davon erfuhr ich auf einem Flug in die einzigartige Einsamkeit der Taiga. Ich erinnere diese Reise so gut, weil wir in einem altersschwachen, maroden Militärhubschrauber unterwegs waren und der Pilot nach halbstündigem Flug Richtung Osten unplanmäßig am Rand einer einsamen Siedlung landete. Der Mann hatte sich tatsächlich *verflogen*! Er musste, zurück auf dem Boden, erst nach dem richtigen Weg fragen.

Die dunklen Wälder erschienen mir damals schon endlos, aber was bedeutet endlos? Mich beschlich auf vielen meiner Jagden das unbeschreibliche Gefühl der Weite, besonders aber in Sibirien. Mir wurde immer wieder bewusst, wie gewaltig das größte Land der Erde tatsächlich ist. Gewaltig, aber nicht unendlich. Wir können mit unserem begrenzten Vorstellungsvermögen die unfassbaren Entfernungen, die Menschenleere und die Einsamkeit des großen Subkontinents nicht ermessen.

Durch Eugen – er war mindestens 20 Jahre älter als ich – lernte ich das Land, die unermesslichen Wildbestände und vor allem auch seine Bewohner von einer anderen Seite kennen als durch die Geschichten meiner vertriebenen Verwandten und, wo immer wir gemeinsam jagten, seine bescheidenen, gottergebenen Menschen lieben. Ich genoss ihre Herzlichkeit und legendäre Gastfreundschaft, ihre Lebensart und Jagdkultur.

Dank Eugens Freundschaft ist Russland für mich mehr, als es bloße Symbole wie Bär, Wodka und Balalaika sein könnten, mehr als Moskau, der Kreml, der Rote Platz und die Tretjakow-Galerie. Ich bin von der Vielfältigkeit der Wildbahn und den Jagdmöglichkeiten in dem sich über zwei Kontinente und elf Zeitzonen erstreckenden Land immer wieder beeindruckt. ›Bei uns alles größer‹, lachte Eugen einmal: ›1.000 Kilometer kein Weg, 1.000 Rubel kein Geld, 1.000 Gramm Wodka kein Alkohol.‹«

Georg steht auf, legt behutsam Holz auf die Glut und reckt sich. »Ich bin ziemlich müde.« Er gähnt, aber ich dränge: »Bitte erzähle weiter!« Wie ein alter Mann setzt er sich kopfschüttelnd wieder hin und fährt fort:

»Während unserer ersten gemeinsamen Jagd in Russland schwärmte Eugen von *Gagarin* und den Wildbeständen in dem Paraderevier des Kremls. Bis zur Wende hatten dort Politgrößen und Staatsgäste gejagt. Im Zuge der Perestroika wurde es dann für Gastjäger aus dem Ausland geöffnet, die dort gegen harte Devisen ihrer Passion nachgingen. Eugen war verantwortlich dafür, dass sie in diesem riesigen Jagdrevier zu kapitalen Trophäen kommen. Den Posten hatte er erhalten, weil er politisch ein unbeschriebenes Blatt war und die jagdlichen Verhältnisse kannte wie kaum ein anderer. Er war Herr über einen 30.000 Hektar großen ehemaligen Truppenübungsplatz. Für mich war es immer ein großes Privileg, mit Eugen in Russland, besonders in Gagarin, jagen zu dürfen. Ich hatte ja bis dahin nicht viel Gutes über die Sowjetunion gehört und lernte durch ihn das Land und seine Menschen von seiner wertvollsten Seite kennen, das versöhnt.

Der Oberjäger und Swetlana, die alte Köchin, haben in Gagarin noch die Verhältnisse vor der Auflösung der Sowjetunion miterlebt, Zeiten der endlosen Konferenzen, ausschweifenden Ess- und Saufgelage der ehemaligen Benutzer des komfortablen Jagdhauses. Sie kannten die ausgefallenen Wünsche und Gewohnheiten der früheren ›Herren‹ und stellten fest, die Ansprüche und Beweggründe der heutigen Besucher, nach Gagarin zu kommen, sind dieselben geblieben.

Bei den russischen Offizieren gab es Eitelkeiten, Intrigen, Selbstdarstellungen und Jagdneid, bei den Gästen aus dem Ausland genauso. Es hat sich nicht viel geändert. Viele nutzten die Jagd in Gagarin auch als Vorwand, um Geschäfte zu machen oder anderen Vergnügungen nachzugehen.

Als die Militärs residierten, schwebte noch der Hauch einer vergangenen Zeit durch die Räume des feudalen Jagdhauses. In dem imposanten Saal feierten Offiziere und Funktionäre an mit Kerzen erleuchteten Tafeln voll altem Silber und kostbarem Porzellan illustre Feste. Doch die stilvolle russische Gesellschaft gibt es heute nicht mehr. Statt wertvoller Möbel, vielleicht noch aus der Zarenzeit, stehen speckige Kunstledergarnituren und einfaches Mobiliar in den Zimmern. Statt goldener Lüster und Ölgemälde, die die Geschichte des Russischen Reiches glorifizieren, hängen von Tabakqualm gebräunte Trophäen an den Wänden und beflügeln die Fantasien der Gäste, die sich hier ein teures Jagdvergnügen leisten – bildhaft für den Wandel einer vergangenen Epoche. Den großen Saal mit alten Seidentapeten hat man durch eine Wand in einen Essraum und ein Kaminzimmer geteilt, in denen ausländische Gäste bis in die frühen Morgenstunden tagen, Wodka trinken und Jagderlebnisse austauschen, vor denen selbst Münchhausen Respekt hätte und in Ehrfurcht erstarren würde.

Die Organisation in Gagarin ist nach wie vor perfekt. Das russische Personal ist immer noch geübt im Umgang mit ungewöhnlichen Gästen und erfüllt ihnen Wünsche, an die zivilisierte Mitteleuropäer nicht einmal im Traum zu denken wagen.« Georg hält kurz inne, um sich eine Zigarette anzuzünden.

»Bei meinem ersten Aufenthalt in Gagarin beispielsweise«, erzählt Georg weiter, »monierte ein Jagdgast, es gebe in der gottverlassenen Gegend keinen WLAN-Empfang. Eugen sorgte innerhalb von zwei Wochen dafür, dass die wohlhabenden, verwöhnten Jäger aus dem Ausland in der einzigartigen Einsamkeit mit der Außenwelt kommunizieren können.

Gagarin ist vor allem für seine starken Hirsche bekannt. Ausländische Agenturen beneiden mich um dieses Kleinod, in dem ich durch meine Freundschaft mit Eugen Exklusivrechte habe, mit Gästen zu jagen. Viele meiner Mitbewerber haben durch Beziehungen zu Politikern in Moskau versucht, ebenfalls in diesem Revier zu jagen. Ein Unternehmen war sogar bereit, den gesamten Jahresabschuss im Voraus zu bezahlen, um mich auszuschalten, ein anderes bot Eugen mehrere Tausend Dollar, wenn er meine Verträge kündigt, aber er ließ sich nicht bestechen.«

Als hätte er nach der Schilderung dieser Einzelheiten aus seinem Reisegeschäft ein schlechtes Gewissen, schweigt Georg, verschränkt seine Hände im Nacken und lehnt sich zurück.

»Es ist beeindruckend, dass du nach allem, was du erlebt hast, deinen Glauben an die ursprüngliche Jagd nicht verloren hast und mit Leuten, die andere Vorstellungen vom Waidwerk haben, nach Russland fährst«, werfe ich ein.

»Das stimmt nicht ganz. Als Junge, in meiner Sturm-und-Drang-Zeit, hatte ich diesen Glauben für kurze Zeit verdrängt, weil viele meiner Kameraden sich anpassten und mit dem unseligen Zeitgeist gingen. Der Begriff *konservativ* wirkt für manche jüngeren Jäger ja schon fast exotisch. Es wird dann schwierig, bei der Jagd Bewährtes und notwendigen Wandel zusammenzubringen. Ich habe mich aber an unsere alte Familientradition erinnert, den Glauben an die konservative, an die wirkliche Jagd nicht verloren.

Die vielen Jahre, in denen ich zwangsläufig mit anderen Menschen zusammen gejagt habe, Enttäuschungen und unschöne Erfahrungen in der Jagdtourismusbranche, auch die weiten Reisen, die Entdeckung neuer Horizonte und Begegnungen mit anderen Kulturen haben mich nicht umgestimmt.

Ich habe meine Großmutter nie anders als in schwarzer Trauerkleidung gesehen. Die Menschheit geht heute mit Trauer, aber auch mit der Vergangenheit anders um, als unsere Vätergeneration, anders als es in unserer Jugend vorgelebt wurde. Vieles, was die

Ahnen geleistet haben, ist in Vergessenheit geraten, vieles, wofür sie gelebt haben, wird verdrängt. Auch die jagdliche Moral leidet darunter. Nicht alle Jäger suchen noch den Frieden in der Natur, viele haben andere Beweggründe, um zu jagen. Als Jagdreisevermittler kann ich ein Lied davon singen.«

Ich versuche, mehr Einzelheiten über das Jagdreisegeschäft von dem Freund zu erfahren, doch er lenkt ab, geht nicht weiter darauf ein und schildert nach einer längeren Pause den Fortgang seiner Reise nach Sibirien. Gespannt höre ich zu, ohne ihn noch einmal zu unterbrechen.

Ein Tabu aus Beton

»Es war der zweite oder dritte Tag, nachdem ich das erste Mal in Gagarin gewesen war. Meine Kunden hatten einen Ruhetag eingeplant. Einige lasen, andere spielten Karten oder hatten sich aufs Ohr gelegt, um sich von den vorausgegangenen Anstrengungen zu erholen. Mich drängte es hinaus, die Umgebung zu erkunden. Ich hielt mich in nördliche Richtung und stieß dort, wo wir am Tag der Ankunft die obligatorischen Probeschüsse gemacht hatten, auf Überreste verfallener Grundmauern aus Beton, auf denen offenbar größere Gebäude gestanden hatten.

Weitere verwitterte Mauerfundamente, von gewaltigen Fliederbüschen und überdimensional großen Holunderbäumen überwuchert, zeugten davon, dass hier vor vielen, vielen Jahren Menschen gehaust haben mussten. Der Bewuchs war untypisch für die ansonsten von menschlicher Zivilisation unberührten Wildnis. 30 Meter entfernt lagen Steine in einer Reihe. Wahrscheinlich hatten die früheren Bewohner dort einen Friedhof angelegt, überlegte ich. Wovon mögen die Leute hier in der Einsamkeit des Waldes, fern ab jeglicher Zivilisation, gelebt haben? Ob es Jäger gewesen waren? Pelztiere gab es früher hier gewiss im Überfluss. Warum aber hatten die Menschen auf Stein und Beton gegründete Behausungen und keine Blockhäuser?

Ich wusste zwar, im 18. Jahrhundert war Russland einer der größten Erzexporteure und Eisenproduzenten Europas, bis es vom industriellen England überholt wurde, schuld waren wahrscheinlich feudale Arbeitsverhältnisse und veraltete Produktionsmethoden in Russland, aber ob man hier wirklich Bodenschätze abgebaut hatte?

Nach dem Abendessen sprach ich den Oberjäger Eugen auf meinen Fund an. Wir leerten unsere Gläser und setzten uns vor den Kamin. ›Da stehen so Reste von Häusern, war da mal 'ne Fabrik?‹ Eugen prostete mir zu: ›Wir trinken auf die Tage, die kommen. Nasdorowje!‹ Eine Antwort gab er nicht, meine Neugier war erwacht. ›Na sag schon!‹ Eugen wich erneut aus: ›Da ist nichts. Baracken kaputt. Borovoi. Alles kaputt. Ist lange her.‹ Und er hob wieder das Glas: ›Nasdorowje!‹

Mich aber ließ die Antwort interessiert aufhorchen – *Borovoi*! Den Namen Borovoi hatte ich ja schließlich viele Hundert Male gelesen! Er ist in den großen Findling gemeißelt, den meine Mutter zum Andenken an ihren gefallenen Mann, nachdem er nicht aus dem Feld zurückgekehrt war, auf dem Familienfriedhof zu Hause aufstellen ließ.

Am nächsten Tag fragte ich die alte Küchenhilfe, sie lebte schon sehr lange in Gagarin, nach den Ruinen. Wir mochten uns, seitdem wir uns kennengelernt haben. Sie war immer zurückhaltend, aber ich hatte das Gefühl, sie hat ein goldenes Herz. ›Sweta, was war hier früher in Gagarin? Die alten Mauern – was war das?‹ Swetlana blickte von mir fort, strich sich das schwarze, mit grauen Strähnen durchsetzte Haar aus dem Gesicht und sah mich aus ihren dunklen Augen, die durch die fahle Blässe ihres Gesichts auch fast schwarz wirkten, an. Vor 30, 40 Jahren war sie gewiss eine hübsche Person gewesen. Ihr Gesicht war aber nun vom entbehrungsreichen Leben in der Einsamkeit gezeichnet, runzlig, ohne jeglichen Reiz. Die individuellen Züge, ihre Gestalt, die Augen, die Nase, das Kinn waren unter Fettfalten begraben.

›Ach‹, sagte die Alte, ›lange her. Aus großem Krieg. Lager. Baracken, Lager Borovoi.‹
›Lager?‹, fragte ich mit gespielter Gleichgültigkeit, ›Lager für was?‹
›Für was? Weiß nicht. War Lager.‹

Ich ahnte, dass Swetlana es sehr wohl wusste. Aber warum sagte sie nichts? Und warum war mir Eugen ausgewichen? Ich hatte anscheinend an ein Tabu gerührt, aber ich wollte nicht aufgeben. Ich kannte schließlich nur den Namen des Kriegsgefangenenlagers, in dem mein Vater verhungert oder erfroren war. Der Gedanke, dass die Überreste der Mauern, der Baracken unten im Wald dieses Lager gewesen sein könnten, beschäftigte mich nun sehr, und ich ging vor dem Frühstück noch einmal zu der mysteriösen Stelle im Wald.

Dort setzte ich mich auf den Stamm einer umgestürzten Fichte und sah still auf die Reste einer Baracke, auf vermooste Ziegelsteine eines verrotteten Fundaments und auf kümmerliche, kaum noch wahrnehmbare Überbleibsel von Brettern, verrosteten Metallteilen und vergammelter Teerpappe.

Ein Specht hämmerte an einem abgestorbenen Baumstamm – ich sah ihn nicht, ich hörte ihn nur. Unter den Wolken kreiste ein großer Greif – den sah ich, seinen krächzenden Ruf hörte ich nicht.

Dunkle Wolken über Borovoi

Vor mir stand ein Bild aus der Vergangenheit auf: eine Gruppe Kriegsgefangener. Sie sind mager, zerlumpt und schleppen sich durch tiefen Schnee, bewacht von Soldaten mit aufgepflanzten Bajonetten. Einer der Gefangenen schert aus der Reihe aus und bückt sich nach einer Kartoffel, in die er hineinbeißt, einmal, zweimal, er isst sie auf. Hatte sich mein Vater auch nach einer Kartoffel bücken müssen? Erst der Ruf des Adlers hoch über mir im trüben Zenit rief mich aus meinen Grübeleien zurück in die Gegenwart.

Während der abendlichen Wodkarunde sprach ich Eugen wieder auf das Thema an:
›Warum willst du mir nichts sagen von den Baracken?‹
Eugen sah mir lange in die Augen. ›Du bist mein Freund. Und sollst es bleiben.‹
›Und was hat das mit den Baracken zu tun?‹
›Baracken vom Krieg, lange her. Vergessen besser.‹
›Ich will es aber wissen.‹

›Gut‹, sagte Eugen, ›Baracken Lager Borovoi für deutsche Soldaten. Raboti, raboti! Noch lange nach dem Krieg. Mein Vater, meine Mutter waren Helden im großen Krieg, aber lange vorbei, woina kaputt. Ich denke so: nie wieder Krieg. Krieg schlecht für alle Menschen. Immer.‹

Meine Gedanken wirbelten durcheinander. Borovoi ... Wie oft wurde dieser Name in meinem Elternhaus ausgesprochen. Jagte ich jetzt wirklich dort, wo mein Vater geblieben war?

›Wir Freunde für immer?‹, holte Eugen mich aus meinen Überlegungen zurück.

›Wir bleiben Freunde‹, erwiderte ich, ›warte, ich hole was zum Anstoßen.‹ Ich holte zwei volle Wodkagläser und stieß mit Eugen an. Er blickte mir fest in die Augen. ›Nasdorowje! Das Lager, der Krieg kaputt, Baracken kaputt – aber Freundschaft gesund!‹

Es war so still, dass nur das leise Knistern der brennenden Scheite zu hören war. Eugen war sichtlich erleichtert: ›Freundschaft gut – Wodka gut!‹
Damit war das Thema für ihn endgültig beendet.

Man hatte Borovoi in *Gagarin* umgetauft. Ob nach einem der ersten Weltraumfahrer der Sowjetunion oder nach dem alten Fürstengeschlecht benannt, vermag niemand mehr zu sagen. Man hatte auf jeden Fall den Namen Borovoi einfach von der Landkarte gestrichen – nichts sollte mehr an diese grauenvollen Zeiten erinnern.

Das Wissen um das versteckt im Wald gelegene Gefangenenlager beschäftigte mich sehr, lag wie ein feiner Schleier über der bis dahin so fröhlich-rauen Jägerversammlung. So viel Leid, so viel Verzweiflung war hier vereint gewesen, ich glaubte es noch zu spüren und floh noch einmal in den Wald, um meine Gedanken, die um Vergänglichkeit und Tod kreisten, zu ordnen.

Ein Wiener Lied, ein melancholisches Wiener Lied kam mir in den Sinn: Das Schicksal setzt den Hobel an und hobelt alle gleich ... Aber stimmt das wirklich? Die gefallenen Soldaten gelten als Helden. Aber was ist mit denen, die im Lager verschmachteten? Ist deren Tod genauso ehrenhaft, heldenhaft? Ist nicht Tod Tod? Macht er wirklich alle Menschen gleich? Macht der Tod nicht alle Lebewesen gleich?

Ein 12- oder 14-Ender hebt einen Hirsch über seine Artgenossen hinaus – als Trophäe schmückt er die Wand und ist damit nahezu ›unsterblich‹ geworden. Der Spießer aber oder der andere mindere Hirsch? Was ist mit ihm? Gibt es eine Rangordnung nach dem Tode?

Was ist mit mir? Was für ein ›Hirsch‹ bin ich?

Vergangen, vergessen, vorüber – ewig still ruht die Vergangenheit.

Ich riss mich von meinen dunklen Gedanken los, machte mich wieder auf den Weg zurück zum Jagdhaus und beschloss, keine finsteren Gedanken mehr aufkommen zu lassen, das Schicksal, das den Hobel ansetzt, sollte meinetwegen noch warten.

Obwohl ich noch manches Mal drängte, mir doch mehr über das Lager, über seine Insassen und die Lebensbedingungen der Gefangenen und deren Verbleib zu erzählen, schwiegen Eugen und Swetlana, wenn das Gespräch auf dieses dunkle Kapitel der russischen Geschichte kam.

Aber man kann Geschichte nicht unvergessen machen. Ich weiß es, und Eugen wusste es ebenfalls. Obwohl wir nicht dieselbe Sprache sprechen, verstehen wir uns. Gemeinsame Ideale, Gedanken, Passionen, Interessen, vor allem die Jagd verbinden uns seitdem. Mir war bewusst geworden: Ich konnte mich glücklich schätzen, einen Freund wie den Oberjäger von Gagarin, vormals Borovoi, zu haben. Noch lange saß ich an diesem Abend mit ihm vor dem Kamin.«

Ein spannendes Manuskript

Jetzt, hier und heute, sitzt Georg mit mir vor dem Kamin, räumlich und zeitlich weit entfernt von seinem Erleben in Sibirien, und berichtet, als hätte er es erst gestern erlebt, fällt mir auf, und ich stelle deshalb fest: »Georg, du erzählst so flüssig von Sibirien, als hättest du das schon tausendmal auf der Bühne getan. Dabei hast du doch gesagt, du hättest noch mit niemandem darüber gesprochen, was du über Gagarin und Borovoi herausgefunden hast.«

Der Schein des Feuers beleuchtet Georgs Gesichtszüge außerordentlich günstig, sein Gesicht ist ein einziges Lächeln: »Gert, du bist nicht nur bei der Jagd ein aufmerksamer Beobachter und Fährtenleser. Ich habe angefangen, meine kleinen Geheimnisse vor dir auszubreiten, nun kommt es auf eines mehr oder weniger auch nicht an. Warte einen Moment.«

Er steht auf, verschwindet in seinen Schlafraum, kommt zurück und legt eine Mappe mit einem Stapel DIN-A4-Blättern vor mir auf den Hocker. »Sieh hinein«, fordert er mich auf. Prompt tue ich, wie mir geheißen: »Meine Güte, Georg, das sind ja noch richtige Schreibmaschinenseiten! Die hast du geschrieben ...?« – »Ja, und immer wieder gelesen. Ich kann sie in weiten Teilen auswendig. Irgendwann werde ich sie meiner Familie geben. Oder sie bekommt sie in die Hände, wenn ich ... Aber wenn du magst, lies selbst zu Ende. Hier beginnt erst, was auch andere interessieren könnte ...«

Im Schein der Flammen sehe ich so etwas wie Tränen in Georgs Augen, oder irre ich mich? »Georg, mir wäre am liebsten, du erzählst weiter oder noch besser, du liest weiter vor, meine Augen funktionieren auf die Ferne noch wunderbar, aber hier ist das Licht doch ziemlich duster.«

Georg greift tatsächlich nach seinem Skript, auf das der Schein des Feuers im Kamin fällt, und beginnt vorzulesen:

Obwohl das Leben in dem wildreichen Dorado für den Oberjäger befriedigend, die verantwortungsvolle Aufgabe recht einträglich war, die Gäste mit Trinkgeldern nicht knauserten, wirkte Eugen nicht zufrieden. Aus seinen Augen sprach unendliche Traurigkeit. Ich glaubte, es sei die Mentalität, die unergründliche russische Seele, aber als der Alkohol dem alten Jäger einmal die Zunge gelöst hatte, gestand er mir: »Kenne viele, viele Gäste von Jagd – prahlen, trinken, Frolleinchen nehmen, Büffel schießen, Bären, Elefanten.« Nachdenklich starrte er durch die schmutzigen Scheiben aus dem Hüttenfenster ins Ungewisse, grübelte über seine Worte nach und ergänzte: »Aber jagen wie wir konnte keiner.«
Anschließend schwieg er, als bereute er seine Worte, und ließ mich nachdenklich allein vorm Kamin zurück. Ich konnte den Vollblutjäger so gut verstehen. Ich fühlte, es war der Beginn einer wunderbaren Jagdfreundschaft.
Lange stand ich vor dem geöffneten Fenster und lauschte. Es war das gleiche Rauschen des Waldes wie zu Hause in Deutschland, das Rauschen, das ich so liebte, das mich erinnerte an meine Jugendzeit auf dem elterlichen Gut mit seinen Pferden, Hunden und vor allem der Jagd, die meinem Leben immer wieder aufs Neue echte Spannung und inneren Halt verleiht. In diesem Moment begannen die Liebe zu Sibirien und die Sympathien zu seinen Menschen in mir zu sprießen. Ich fühlte mich das erste Mal wirklich wohl in Russland.

Ich fuhr dann mit denselben sechs Jägern noch einmal nach Gagarin. Die Gruppe bestand aus Dr. Joachim Meier, Unternehmer aus Salzgitter und Honorarkonsul von Italien. Kleinwüchsig, mit einem angeborenen Hüftleiden, erinnerte sein Gang an die Fortbewegung eines Schimpansen. Zudem litt sein Selbstwertgefühl, weil er schlicht Meier hieß. »Meier plätschert gerne im blauen Blut«, scherzte man im Freundeskreis, denn gerne hätte der Konsul seinen Namen mit einem Grafen, Freiherrn oder wenigstens »von« geschmückt. Was bedeutete schon sein akademischer Grad oder Honorarkonsul im Vergleich zu dem Baron, wie er mich in Anwesenheit anderer nannte.

Freundschaft aber verband mich nicht mit dem egozentrischen Manager. Er war kein passionierter Waidmann, wurde seinerzeit von seinen Eltern sehr verwöhnt, bekam alles, was das Leben eines jungen Menschen bequem macht, vor allem Geld, viel Geld, bevor er das Familienunternehmen übernahm. Durch Meier junior wuchs das Unternehmen zum führenden Import- und Exporthaus für Keramikartikel in Deutschland. Bei Freunden fand der junge Firmenchef trotzdem wenig Anerkennung.

»Dann buch' für mich zweimal zehn Kilo, der Preis ist egal«, hatte er mich beauftragt, als bestellte er Produkte für den täglichen Bedarf im Kolonialwarenladen. Für Meier waren Hirsche eine marktgängige Ware. Für mich haben alle Lebewesen, ob Mensch, Tier oder Pflanze, als Teil von Gottes Schöpfung einen hohen Wert, aber keinen Preis.

Ferdinand Graf Bronck, Geschäftsfreund des Konsuls, war auch wieder dabei. Der Westfale hatte die 70 längst überschritten. Er passte nicht so ganz in das Weltbild der anderen Jäger, wirkte wegen seiner konservativen Einstellung auf sie ein wenig verschroben. Bronck wollte keinen Hirsch schießen. »Je länger man jagt, desto bescheidener wird man, ich bin nicht der Typ wie Joachim, habe fünf kapitale Hirsche erlegt, das sollte reichen«, erklärte er. Ob es Bescheidenheit oder erzwungener Verzicht war, weiß ich nicht. Ich hatte gelesen, die Firma von Bronck – auch sie handelt mit Keramikartikeln – war in finanzielle Schwierigkeiten geraten.

Ortwin Breccler war ebenfalls wieder mit nach Gagarin gekommen. Er war Inhaber eines Supermarktes, Kriegskamerad von Graf Bronck, und die beiden hatten gemeinsam eine Niederwildjagd in Westfalen gepachtet. Der passionierte Schwarzwildjäger hatte lange gezögert, wollte nicht noch einmal mitkommen, »wegen des Vorfalls im letzten Jahr«, hatte er seinem Freund Ferdinand anvertraut, ließ sich aber dann doch zu der Reise überreden.

Außerdem war Conte Luciano Lamboretti-Tacoli, genannt Luigi, wieder mit von der Partie. Der lebenslustige, gut aussehende und selbstbewusste Italiener, ebenfalls Inhaber eines Unternehmens in der Keramikbranche, war auch Geschäftspartner Meiers. Der humorlose Konsul beneidete die lockere Art seines italienischen Freundes und versuchte den sportlichen Adeligen und dessen Ungezwungenheit zu imitieren, was nicht selten für Belustigung bei seinen Jagdfreunden sorgte.

Der Fünfte im Bunde war Christian Hahn, Grundstücksmakler und mit Lamboretti-Tacoli in Bauprojekten für große Freizeitanlagen involviert. Er war knapp 60 Jahre alt, mittelgroß, hatte eine schlanke Statur mit kurz geschnittenen dunkelbraunen Haaren und einen auffallend flirrenden, unruhigen Blick. Im vergangenen Jahr hatte er mir gedroht, als er nach fünf Ansitzen an einer Kirrung kein Waidmannsheil gehabt hatte: »Ich möchte nicht über die Kosten reden, die ich bis jetzt hatte, aber, glauben Sie mir, lieber Herr Baron, ich habe einen sehr, sehr guten Anwalt ...«

Einer der Pirschführer von Gagarin schenkte Hahn dann Gewehre und Haderer eines Keilers, dessen Erleger niemand kannte, und es herrschte wieder Eintracht.

Letztendlich war da noch Karl Prettenkamp, der gemütliche, untersetzte Landwirt aus Westfalen. Durch sein volles weißes Haar und sein sonnengebräuntes Gesicht wirkte er wie ein Lebemann und Frauenheld, aber der Schein trog: Er war ein bescheidener, liebenswürdiger und angenehmer Zeitgenosse.

So unterschiedlich die sechs Jagdfreunde auch waren, eines hatten Dr. Joachim Meier, Ferdinand Graf Bronck, Conte Luciano Lamboretti-Tacoli, Karl Prettenkamp, Ortwin Breccler und Christian Hahn gemeinsam: Nach eigenem Bekunden waren sie alle passionierte, sehr, sehr erfahrene und vor allem waidgerechte Jäger.

Nach ihrer Ankunft in Gagarin verbreiteten sie in dem eher verschlafenen Jagdhaus, in dem Hektik unbekannt ist, unangenehme Geschäftigkeit, ließen sich erschöpft von der Reise in die Sessel vor dem Feuer im Kamin fallen, sprangen nervös wieder auf, liefen unruhig auf und ab, schauten häufig auf ihre Uhr oder ihr Mobiltelefon, so, wie es Geschäftsleute tun, die es nicht kennen, sich in der Natur zu entspannen und den Frieden genießen zu können, sondern stets das Gefühl haben, etwas zu verpassen. Manager eben, die immer den Drang verspüren, etwas Produktives leisten zu müssen.

Georg blickt auf. Meine Hündin Diva hat sich erhoben, schüttelt sich ausgiebig und läuft zur Tür. Ich lasse sie hinaus, und sie verschwindet in der Dunkelheit. Es hat aufgeklart, die Zeiger der Uhr sind auf kurz vor Mitternacht vorgerückt. Müde beschließen wir, ins Bett zu gehen, um am Morgen nach den Rehböcken zu schauen. Ich pfeife nach dem Hund, dann legen wir uns schlafen. Bald herrscht tiefe Ruhe in der Hütte.

Spuren der Vergangenheit: Persönliche Erlebnisse und uralte Jagdlegenden

Vierter Kaminabend: Von der besonderen Passion

oder: Charme contra Prahlerei

Erst am frühen Vormittag erwachen wir und ziehen los in den Wald. Die frische Luft tut nach dem verrauchten Abend in der Hütte gut. Windböen wirbeln herbstlich gefärbte Blätter von den Eichen durch die Luft. Ein Kolkrabe rudert schwerfällig über den hohen Wipfeln davon. Seine dumpfen, melodischen Rufe werden vom Fauchen des Sturms fast verschluckt.

Nach einer Viertelstunde trennen wir uns. Während es Georg in den Feldteil des Revieres zieht, gehe ich ins Moor. Gegen Mittag wollen wir uns wieder in der Hütte treffen.

Als es wärmer wird, schlendere ich zurück. Georg sitzt bereits auf der schweren Eichenbank an dem großen Holztisch vor der Hütte.

Erfüllt berichtet er von einem Fuchs, den er bis auf zehn Gänge herangemäuselt hat, von der wunderbaren Färbung seines Balges, die vor den herrlichen Farben der noch blühenden Heide und des goldenen Bentgrases besonders ausdrucksvoll zur Geltung kam.

Ich freue mich, wie sehr den Freund die Morgenstimmung begeistert hat, ohne zum Gewehr zu greifen, und wir sind uns wieder einig: Jagen ist mehr als nur schießen. Ich erzähle von den vier Überläufern, die ich vor mir hatte. Offensichtlich haben sie sich auf dem Rückwechsel von den Feldern ins Moor verspätet. Für einen sicheren Schuss waren sie zu weit. Wir beschließen, weil der Wind für unser Vorhaben am Abend ungünstig steht, uns am kommenden Morgen im Moor anzusetzen, um sie abzupassen.

Fast mehr als auf den Sauenansitz freue ich mich allerdings auf den vor uns liegenden Abend, die Fortsetzung unserer Gespräche und auf Georgs Geschichte. Als das Feuer im Kamin prasselt, greift der Freund zu seinem Manuskript. »Wo waren wir stehen geblieben? Ah ja, der erste Abend in Gagarin. Also ...« Georg streicht sich gedankenverloren eine Haarsträhne aus dem Gesicht und fährt fort:

Meine Gäste hatten sich längst empfohlen. Der Italiener hatte sich mit Raissa in sein Schlafzimmer zurückgezogen, und der Konsul verschwand wenig später mit Maria, der anderen jungen Dolmetscherin. Gagarin zieht nämlich nicht nur passionierte Jäger an, sondern auch finanzkräftige Nimrode, die Jagdpassionen ausleben wollen, von denen zu Hause niemand etwas erfahren darf. Wie vielschichtig diese Neigungen sind, wurde mir bewusst, als leises, aber unüberhörbares Stöhnen und Kichern aus den Schlafräumen auf den Flur drangen. Jagdreise mit Kulturprogramm nennt sich diese spezielle Art des Jagdausfluges in den Werbebroschüren der Reisevermittler. Das genussvolle Ächzen und Seufzen weckte mich aus meinen Träumen, die Wirklichkeit hatte mich eingeholt, die Gegenwart ergriff wieder Besitz von mir: Ich saß nicht im elterlichen Gutshaus in der Lüneburger Heide, nicht im Dschungel in Afrika oder im Outback Australiens, nicht mit meinen indianischen Freunden in der Wildnis Alaskas am Feuer, sondern allein am Kamin eines komfortablen Jagdhauses, abseits von Zivilisation, von Asphalt und Menschengetümmel, irgendwo in Sibirien, auf dem ehemaligen Truppenübungsplatz Gagarin.

Lange grübelte ich vorm Feuer, starrte in die tanzenden, bläulich lodernden Flammen und dachte über die Männer nach, die sich bereits das zweite Mal hier trafen, um, wie sie es nennen, »dem edlen Waidwerk zu frönen«.

Joachim Meier und Luigi waren Freunde gewesen, damals, als wir das erste Mal in Gagarin waren. Diese Freundschaft hatte aber offenbar im Laufe des Jahres einen Riss bekommen. Ob es geschäftliches Konkurrenzdenken, Jagdneid oder Eifersucht war, vermag ich nicht zu beurteilen. Vielleicht schwelten auch andere Leidenschaften in ihnen. Auch den temperamentvollen Südländer und den spröden Norddeutschen zog nämlich nicht nur die Jagd nach Gagarin.

Schon im vergangenen Jahr hatten sie auf ihrem Flug nach Russland gemeinsam eine Flasche Wodka getrunken, und Meier versuchte mit haarsträubenden Erzählungen über seine jagdlichen und erotischen Erfolge zu imponie-

ren. Die Stimmung wurde noch ausgelassener, als die beiden, bevor es am nächsten Morgen weiter nach Gagarin gehen sollte, in ihrem Moskauer Hotel Besuch von zwei hübschen Frauen bekamen.
Kaum dass wir am Nachmittag im Jagdhaus angekommen waren, hatten sich die zwei dann mit den Dolmetscherinnen Raissa und Maria auf ihre Zimmer verzogen, die sie während der ersten zwei Tage ihrer Jagdreise mit Kulturprogramm schließlich auch so gut wie nicht mehr verließen. Danach waren die jungen Frauen beherrschendes Gesprächsthema in der Runde. Graf Bronck, sonst sehr zurückhaltend und behutsam in seiner Wortwahl, schimpfte wie ein Rohrspatz und fand das Verhalten »mehr als beschämend«.
Ortwin Breccler war bemüht, ihn zu besänftigen: »Wir waren doch alle mal jung, Ferdinand, man will ja auch ein bisschen Spaß haben, wenn man sich mal vom Geschäft loseisen kann. Jagd ist schließlich nicht alles.« Er zog sich damit zu allem Überfluss den Unmut von Karl Prettenkamp zu.
Christian Hahn verbat sich ebenfalls solche Äußerungen. Er werde demnächst Silberhochzeit feiern und habe seine Frau nie hintergangen.
Auf der Reise verlief längst nicht alles perfekt. Hahn hatte einen Keiler geschossen. Um die Abschussgebühren nicht zahlen zu müssen, bot er seinem

Jagdführer Alexander 200 Euro an, damit der die Waffen auslöste und das Wildbret auf eigene Faust verwertete. Die Gewehre wollte der Schütze im Handgepäck mit nach Deutschland nehmen. Alexander ließ sich aber nicht bestechen und erzählte mir von der Schweinerei. Wir regelten die Angelegenheit dann ›unter Herren‹.

Hahn ging Alexander seitdem aus dem Weg und redete, wo immer er Gelegenheit dazu hatte, abwertend über ihn. Der Conte hatte Partei für seinen Pirschführer ergriffen, und irgendwann gab es dann Streit zwischen dem Italiener und Hahn. Ich hörte, wie Hahn drohte: »Hör auf, den Kerl in Schutz zu nehmen, sonst mache ich dich fertig. Die Staatsanwaltschaft in Italien wartet nur darauf, dass ich plaudere.«

Ortwin Breccler hatte, ebenfalls unter Führung von Alexander, einen jungen Elch geschossen und behauptet, ihn auch als solchen angesprochen zu haben.

Er sprach allerdings von »Elchbullen«, aber korrekterweise spricht man ja auch beim Elch vom Hirsch. Der Hirsch war jedenfalls fast eine Viertelstunde lang vor den beiden im Bestand herumgezogen. Als er endlich austrat, hätte sein Pirschführer, laut Breccler, massiv gedrängt, zu schießen. Alexander hingegen bestand darauf, keinen Ton gesagt zu haben, und meinte, der Gast hätte, kaum dass der Elch frei stand, ohne ihn anzusprechen, sofort geschossen. Was sich wirklich zugetragen hatte, als Gast und Jagdführer den jungen, nicht desto weniger guten Elch vor sich hatten, wird wohl ein Geheimnis zwischen den beiden bleiben. Schließlich einigten wir uns jedenfalls auf einen Kompromiss: Breccler zahlte die Hälfte der offiziellen Abschussgebühr und durfte das Geweih mit nach Hause nehmen. »Ärger vergeht, Trophäe besteht. In Deutschland wäre ich bei so einem Geweih nicht so günstig davongekommen«, feixte er später. Graf Bronck schüttelte nur verständnislos den Kopf.

Es gab leider noch weitere unerfreuliche Auseinandersetzungen. Hahn bezichtigte Alexander als Lügner, Meier urteilte abfällig über Bronck: »Wenn jemand nicht genügend Geld hat, darf er nicht zur Jagd gehen. Jagen ist schließlich ein Herrensport, basta!«

Bis auf diese relativ harmlosen Geplänkel verlief die Jagdwoche aber schließlich doch erfolgreich und halbwegs harmonisch. Auf jeden Fall leisteten alle, außer Graf Bronck, für die kommende Hirschbrunft in Gagarin eine Anzahlung für den Abschuss eines guten Rothirsches. Der Konsul hatte überdies, als er die Reise buchte, zur Bedingung gemacht: »Aber nur, wenn die Zuckerpuppen auch wieder mit von der Partie sind.« Er meinte Raissa und Maria, die beiden jungen Dolmetscherinnen.

Anfang September sollte es losgehen. Kurz bevor wir uns jedoch wieder in Gagarin treffen wollten, rammte ein Autofahrer den Sportwagen des italienischen Adeligen in Rom und beging Fahrerflucht. Der Conte war nur knapp mit dem Leben davongekommen. Die polizeilichen Ermittlungen zogen sich anschließend in die Länge, wurden schließlich ergebnislos abgebrochen, doch die Jagd musste verschoben werden.

Die Hochbrunft des Rotwildes ist längst vorüber, die Hirsche sind heimlich, es wird schwierig werden, einen alten Recken zu überlisten, befürchtete ich, aber der Konsul wollte seinen Terminkalender nicht noch einmal umstellen. »Ich bin doch nicht verrückt und ändere noch mal alles. Mit deiner Hilfe werden wir ja wohl noch was Vernünftiges kriegen. Ich würde auch einen starken Keiler mitnehmen, der Bronck wird in die Luft gehen, wenn ich wieder bessere Knochen an der Wand habe als er«, zerstreute Meier meine Bedenken wegen des neuen Zeitpunkts. Die anderen Jäger erklärten sich mit dem Termin nach der Hauptbrunft schließlich auch einverstanden, buchten allerdings, um nicht als Schneider zurückzukommen, sicherheitshalber noch eine anschließende dreitägige Drückjagd.

Als ich am Morgen nach unserer Ankunft in Gagarin in den spärlich mit drei funzeligen Glühbirnen beleuchteten Essraum kam, saßen die Gäste bereits fast alle gut gelaunt am Tisch. Das Frühstück war, wie immer, phänomenal. Kaum Platz, um noch mehr Teller, Tassen, Gläser, Schalen oder Schüsseln abzustellen. Erstaunlicherweise fand sich neben eingelegten und gebratenen Pilzen, Eiern, unterschiedlichen Wurst- und Schinkensorten, Marmeladen, Fisch- und Dörrfleischspezialitäten, immer noch ein Plätzchen für eine Flasche Wodka. Die Stimmung wirkte ausgelassen.

Dann polterte Meier in den Raum und verbreitete hektische Unruhe. Er wischte mit einem weißen Taschentuch seine Kaffeetasse aus, roch an der fetten Knoblauchwurst, nörgelte, weil keine vernünftige Marmelade auf dem Tisch stand, und dünstete förmlich schlechte Laune aus. Missmutig schlug er mit der Faust auf die Tischplatte. Pfefferstreuer und Gläser hüpften auf, das Salzfass rollte zu Breccler, der es geistesgegenwärtig auffing und zurückstellte.

Mit wichtiger Miene versuchte der Konsul dann die kyrillischen Buchstaben auf dem Etikett eines Honigglases zu entziffern, schüttelte den Kopf, klopfte Eugen auf die Schulter und grinste: »Was habt ihr nur für komische Kritzeleien, die kann ja keine Sau lesen. Es wird noch Jahre dauern, bis unsere Kultur bei euch angekommen ist.« »Ich weiß nicht, warum Jäger in Deutschland die gute alte 8 × 57 ablehnen. Es gibt kein besseres Kaliber für unser Schalenwild«, versuchte Bronck von der peinlichen Situation abzulenken. »Was für meinen Vater galt, gilt für mich heute noch. Bei Patronen bin ich strikt monogam.«

»Unsinn«, schnaubte Meier verächtlich. »Ferdinand, du hast keine Ahnung, monogam hin, monogam her, 9,3 ist nicht zu toppen. Damit rotze ich auf über 300 Meter hin.«

»Über 300 Meter?« Ungläubig schaute der Graf Meier an. »Joachim, ich kann nur sagen: Ein weiter Schuss, ein schlechter Heger, pirsch an dein Wild, dann bist du Jäger, das galt bereits für unsere Vorfahren.«

»Ja, ja, du bist ein toller Hecht, aber bitte verschon mich mit deinen Großvätern und den blöden Sprüchen. Warum soll ich meine Klamotten einsauen und durch den Dreck kriechen?«

»Manche Schützen glauben zu jagen, doch sie liquidieren lediglich leidenschaftslos Lebewesen, indem sie deren ausgezeichneten Sinnesorganen ausgeklügelte Waffen und Optik entgegenstellen. Um zu jagen, wie wir es gelernt haben, muss ich mein Gegenüber, die Umwelt und ihre Bewohner, verstehen. Ich muss mich auf ihre Ebene begeben, im wahrsten Sinne des Wortes nahe sein. Das heißt, ich muss mich unbemerkt nähern können. Statt dich künstlich aufzuregen, solltest du dir die Worte von Ferdinand zu Herzen nehmen«, sprang Breccler seinem Freund Bronck bei. »Ferdinand und ich sind schließlich in einer Zeit aufgewachsen, als Waidgerechtigkeit und Jägerhandwerk mehr zählten als oberflächliches Vergnügen, hohe Strecken, starke Trophäen und ...«

Meier ließ sein Gegenüber nicht ausreden: »Meine Knarre hat ein vernünftiges zwölffaches Glas mit Entfernungsmesser und auf 100 Meter drei Zentimeter Hochschuss. Die schießt auf 150 Meter Fleck. Mein Chauffeur hat sie kurz vor der Abreise vom Büchsenmacher geholt. Der hat es noch mal bestätigt. Habe wirklich anderes zu tun, als auf den Schießstand zu gehen, dafür habe ich meine Leute.«

Bronck zog die Augenbrauen zusammen, veränderte seine Stellung, um sein Gegenüber besser zu fixieren, wollte etwas erwidern, doch Meiers Redefluss

war nicht zu bremsen: »Auf den Mann ist Verlass, kein Problem, mit der Waffe einer Fliege ein Auge auszuschießen.« Dabei lachte er unnatürlich laut, wie jemand, der unbedingt will, dass alle mitlachen.
»Es kommt immer auf den Steuermann an. Oberst von Spieß, einer der erfahrensten Karpatenjäger, von denen ich je gehört habe, hat mit der 6,5 × 57 mehr als 200 Hirsche erlegt und behauptete, dass das für die Beurteilung eines Kalibers oder Geschosses noch lange nicht ausreiche. Er hat recht.«
Karl Prettenkamp beugte sich vor, stützte sich mit den Unterarmen auf den Knien ab und fuhr fort: »Bei der Jagd darfst du nicht in Schablonen denken, Joachim. Keine Situation wiederholt sich, mal verhofft das Wild, mal steht es nicht breit oder ist nicht frei.«
»Herr Oberspieß interessiert mich nicht«, murmelte Meier und wurde wieder unterbrochen, diesmal von Christian Hahn: »Wir müssen in Schweden bei meinem Kumpel jedes Jahr mindestens 25 Elche schießen. Die fallen mit der 6,5 × 55 um wie nasse Säcke. Du musst nur den richtigen Augenblick bei der Schussabgabe abwarten und genug Patronen im Magazin haben.«
Hahn sagte tatsächlich »Wir müssen«, überlegte ich. Das Jagen berührt sein Innerstes nicht im Geringsten, kein Raum für tiefsinnige Überlegungen, Tod und Trauer, Schuldgefühle, Mitleid oder Sehnsucht. Er hat überhaupt kein Empfinden für den Zauber, für die Poesie der Jagd, will nur hohe Strecken. Quantität statt Qualität. Je mehr tote Kreaturen, desto besser die Jagd. Ein Wettbewerb, bei dem es darum geht, viel zu töten. Kein Wunder, wenn da Jagdneid, Taktlosigkeit und Rekordsucht aufkommen. Dieser Mann ist ein Totengräber unserer Jagdmoral, ging es mir durch den Sinn.

Prettenkamp hatte von den Übertreibungen seiner Freunde genug. Er starrte mit zusammengekniffenen Augen aus dem Fenster. Dann hielt es ihn nicht länger in seinem bequemen Sessel. Er sprang auf, stolzierte umher und studierte die Trophäen an der Wand, als hätte er sie noch nie gesehen.

Georg blickt von seinem Skript auf, legt es neben sich und schaut – ähnlich wie seine Manuskript-Figur Karl Prettenkamp in Sibirien – hier in Mecklenburg auf zu den Trophäen in unserer Hütte.

Ich fühle, dass er die Gespräche seiner Gäste nicht mehr weiter vor mir ausbreiten will. Es ist ihm offensichtlich unangenehm. »Wahrscheinlich wird die ganze Geschichte für dich langweilig, bitte sag, wenn ich aufhören soll«, meint er nach einer längeren Pause. Ich dränge ihn aber, fortzufahren.

So viele Enttäuschungen, Freudiges und Trauriges habe ich in dieser Hütte schon erlebt, Wahrheiten und Lügen – doch noch nie so viele Emotionen erfahren, so tiefgreifende, richtungsweisende Gespräche über die Jagd führen dürfen wie mit meinem neuen Hüttengenossen. Georg greift wieder zum Manuskript, lässt es aber zunächst noch auf seinen Knien liegen.

Er wendet mir seinen Blick zu. »Weißt du, manchmal zweifele ich an dem Entschluss, meinen Lebensunterhalt mit der Jagd zu verdienen. Als mein Vater noch lebte, wurde die Jagd von Außenstehenden als Herrensport mitleidig belächelt, aber sie stellte hohe moralische Anforderungen an die Jäger. Doch im Laufe der vergangenen Jahrzehnte wurden

Jagd und Jäger mit unzähligen ökologischen, ökonomischen, ideologischen Beschränkungen und Bestimmungen konfrontiert. Einige sind gewiss notwendig oder sinnvoll, andere aber überflüssig, tragen lediglich dem Zeitgeist Rechnung. Manches Althergebrachte wurde, obwohl über Jahrzehnte, Jahrhunderte bewährt, durch Gesetze eingeschränkt, abgeschafft oder verdrängt.

Ich kenne Jäger, wie die in meiner Russland-Truppe, die begnadete Geschichtenerzähler sind. Sie glauben allen Ernstes, was ihnen eine wirre Fantasie eingibt. Ich kenne auch solche Kaliberdiskussionen nur zu gut und hasse Streitgespräche über Geschosse und phänomenale Schussleistungen. Und dann denke ich oft an den Leitspruch meines alten Wildmeisters: ›Einen guten Hirsch in der Brunft schießt man weder auf weite Distanz noch von einem Hochsitz aus. Geh ihn mit der Muschel an, das ist fair. Du musst fit sein, den Hirschruf beherrschen, aber das ist ehrliches, wahres Waidwerk. Wild hat gegen moderne Technik und hohe Kanzeln keine Chance!‹

Originale wie unseren erfahrenen Wildmeister gibt es aber nicht mehr, es gibt überhaupt kaum noch jagdliche Originale, nur noch Kopien.

Ich verstehe, wenn im Alter die Kräfte nachlassen. Um älteren Jägern die Möglichkeit zu geben, ihren Lebenstraum zu erfüllen und einen Büffel zu schießen, habe ich in Afrika Seniorenjagden organisiert. Damit meine Gäste ohne allzu große Strapazen nahe an eine Herde kommen, fuhr ich bei Anbruch der Morgendämmerung mit meinen Fährtenlesern Wasserlöcher und Schotterpisten ab. Fanden wir frische Fährten, folgten ihnen meine Jungs. Sobald sie die Tiere gefunden hatten, normalerweise, wenn sie sich gegen Mittag zum Wiederkäuen und Ruhen im Schatten niedergetan hatten, informierten mich meine Jagdhelfer per Funk, gaben ihre Koordinaten durch, die Navigationstechnik macht es möglich, und ich wusste, wohin ich mit den alten Herren fahren musste. Bis wir vor Ort waren, waren die Büffel zwar meistens weitergezogen, doch wir folgten ihnen, und meinen Kunden blieben so viele mühsame Kilometer erspart, bis wir schließlich die Herde eingeholt hatten. Bei dieser Aktion hatte ich kein schlechtes Gewissen.«

Georg öffnet eine weitere Flasche Bier, nimmt einen tiefen Schluck, schaut in seine Aufzeichnungen und liest weiter:

Gelangweilt beschmierte ich eine dicke Scheibe Weißbrot mit Butter. Meier schwieg. Er spürte den Unwillen der anderen Jäger. »Die russischen Frauen sind einfach ...«, wechselte er schließlich das Thema, küsste theatralisch seine Fingerspitzen und verdrehte die Augen. »Schnapp dir doch auch eine von den Magdas«, forderte er mich auf und grinste. »Für Geld machen die alles für dich.« »Die paar Rubel spendiere ich dir gerne. Als ich in deinem Alter war, habe ich nichts anbrennen lassen. Na ja, jetzt bin ich ja auch noch verdammt gut, besser als die Iwans und unser italienischer Freund, hat mir die Maria geschworen.«

Da betrat Lamboretti den Raum. Sein akkurat gekämmtes volles Haar glänzte, als sei es mit Öl eingerieben. Er trug ein blau-weiß gestreiftes Hemd, eine mit Fasanenmotiven bestickte grüne Seidenkrawatte und ein braun kariertes Jackett, wie es die Stalker im schottischen Hochland tragen. Den kleinen Finger schmückte ein glitzernder Goldring mit einem hellen Stein. Der Mann wirkte, als sei er einem Modekatalog entsprungen. Sein Outfit passte auf eine Flugwildjagd in Wales, nicht jedoch auf eine herbstliche Drückjagd in Russland. »Buon giorno!«, wünschte er uns mit wohlklingender Stimme, schaute erwartungsvoll in die Runde, nickte dem Konsul flüchtig zu, reichte den anderen Männern die Hand und ließ sich mit gespieltem Stöhnen auf dem Stuhl neben mir nieder. Der aufdringliche Duft seines Rasierwassers täuschte nicht über seine Alkoholfahne hinweg. Lächelnd goss er sich Kaffee ein und schmunzelte: »Carpe noctem, meine Herren, geben wir aber jedem Tag auch die Chance, der schönste unseres Lebens zu sein.«

»Superweiber, diese Russinnen«, schwärmte Meier weiter, ohne sonderlich Notiz von seinem italienischen Freund zu nehmen.

»Luigi, alter Junge, wie war's, hat die Kleine gespürt? Du bist so ruhig! Kein Wunder in deinem Alter!«, lachte er dann viel zu laut und schlug sich mit der Handfläche auf den Oberschenkel. »Ich hab auf meinen Reisen verdammt viele erlebt, aber diese Maria ist einmalig, eine Figur, eine Fingerfertigkeit.«

»Ihr hättet mal sehen sollen, wie sie reagierte, als ich ihr einen 100-Euro-Schein zwischen ihre dicken Möpse gesteckt habe.«
Um den geschlossenen Mund seines italienischen Geschäftspartners schwebte der Anflug eines Lächelns. »Immerhin bin ich so fit, dass ich nicht für Amore zahlen muss, müsste ich dafür löhnen, würde ich aufhören«, feixte er.
Meier zuckte zusammen, glotzte den Conte grimmig an und schob sich zwei Scheiben Dörrfleisch in den Mund. Die Anspielung auf sein Alter hatte ihn tief getroffen.
»Es war wieder eine herrliche Nacht mit Raissa«, flüsterte der Italiener versöhnlich. Dann tuschelten die beiden über ihre amourösen Erlebnisse, als sei nie etwas Unerfreuliches zwischen ihnen vorgefallen, und als Bronck vergebens versuchte, das Gespräch auf die bevorstehenden Jagdtage zu lenken, verließ Prettenkamp entrüstet den Raum.
Da erschien Dunsja Cokolowa, die Köchin, eine sympathische Ukrainerin mit wasserstoffgebleichtem dichtem Haar. Sie trug eine hautenge schwarze Hose aus einfachem Satinstoff, darüber eine blitzsaubere weiße Schürze, die mit einem Knoten zusammengeschnürt war. Die Enden der Schleife hingen kokett herunter und hoben ihre jugendliche Figur noch hervor.
Während sie seinen Becher füllte, starrte Meier fasziniert auf die grazile Schönheit, die sich verlegen auf die Unterlippen biss und wie ein kleines unschuldiges Kaninchen wirkte. Doch plötzlich blähten sich ihre Nasenflügel, sie erinnerte an ein wildes Tier, an einen Mustang, denn Meier holte mit dem Arm aus, um ihr auf den Po zu klatschen. Er beherrschte sich aber.
»Gibt es denn in der ganzen verdammten Hütte keine anständige Marmelade?!«, schimpfte er und glotzte zu Raissa und Maria, den beiden Dolmetscherinnen, die in diesem Moment durch die Zimmertür getreten waren.
Der Conte sprang sofort auf, begrüßte beide mit Handkuss und setzte sich dann wieder neben den Konsul, nachdem Maria am Nebentisch Platz genommen hatte. Raissa versuchte, das Marmeladenproblem zu lösen. Mit seinen Blicken streichelte der Italiener den Körper der aparten Erscheinung von den Füßen bis zum Kopf und schaute ihr dann offen ins Gesicht.

Raissas schwarz blitzende große Augen sind in der Tat außergewöhnlich. Die rassige Frau stützte sich mit den Händen vor ihm auf den Tisch, erwiderte den Blick des Italieners und zwinkerte ihm zu. Dessen Augen huschten zu ihrem Ausschnitt, der in diesem Moment tiefe Einblicke gewährte. Dann quittierte Luigi das Lächeln der jungen Frau mit einem zufriedenen Grinsen. Raissa richtete sich auf, straffte die Schultern, wodurch ihre anatomischen Vorzüge noch besser zur Geltung kamen, und wendete sich lächelnd ab. Ihrem Augenaufschlag nach würde es auch in den nächsten Tagen nicht bei den verheißungsvollen Blicken bleiben, das fühlte ich.

»Wer die Gegenwart genießt, hat in der Zukunft eine wundervolle Vergangenheit. Ich sage dir: Die Alte ist noch hübscher geworden. Schau dir diese Augen und die prallen Brüste an. Ihr unschuldiges Gesicht passt einfach nicht zu ihren frechen Jeans und der ausgeschnittenen Bluse«, raunte Luigi, während Hahn sich verständnislos dem Fenster zuwendete.

»Scheißjagd, ich muss dir noch was erzählen«, lenkte der Konsul in verschwörerischem Ton ab und stierte ebenfalls zu Raissa, »aber lass erst mal den Iwan reden.«

Eugen hatte sich erhoben und räusperte sich. »Bevor wir gehen jagen, muss jeder geben Schuss auf Probe. Ist russisches Gesetz. Fahren nach Borovoi, dort Schießstand, ist nur zwei Werst. Ich warte bei Autos. Bitte kommen Sie, wenn Sie fertig.«

Damit verließen »Iwan« und die anderen Jäger den Raum. Meier und Luigi tuschelten in aller Ruhe weiter. Fröhlich und unbeschwert der Italiener, ernst und verbissen der Deutsche.«

Wo die Uhren anders ticken

»Vor dem Haus warteten die russischen Jagdführer. Alexander, der junge Georgier und erfolgreichste Jäger der Truppe, lehnte an der Hauswand und hatte sich eine filterlose Zigarette angezündet.

Er war Kettenraucher. Frühmorgens hörte ich ihn oft husten, aber er war trotz seines enormen Tabakkonsums sportlich und ausdauernd.
Neben den Autos saß Nikolai, genannt Kolja, ein untersetzter, beleibter Mann, auf dem Boden und schob sich die schmierige Ledermütze mit dem roten Stern ins Genick. Seine Augen und die Nase konzentrierten sich auf die Mitte seines Gesichts, sodass viel Platz für die Wangen mit den ausgeprägten mongolischen Backenknochen blieb.
Die Hände in den Hosentaschen vergraben, stand neben ihm ein blonder Riese mit strahlend blauen Augen, gegen dessen kräftig dunkelrote Gesichtsfarbe ein gekochter Krebs blass wirkte: Sascha, ein Hilfsjäger. Als er mir die Hand reichte und dabei den Mund zu einem Lächeln öffnete, blitzten mir lediglich zwei rotgoldene Schneidezähne aus einer undefinierbaren Metalllegierung sonntäglich entgegen. Sein letzter Besuch beim Zahnarzt lag bestimmt schon geraume Zeit zurück.
Während Sascha sich wieder auf die Erde hockte, erschien Boris, ebenfalls ein Pirschführer. Er trug einen Vollbart, aus dem, als seien sie eingefärbt, graue und weiße Strähnen wucherten. Seine Lippen schimmerten feucht und nackt zwischen all dem Haar. Gemächlich verstaute er einen leeren Karton in einem der geräumigen olivgrünen Militärautos, fuhr sich zufrieden mit dem Handrücken unter der triefenden Nase durch, wischte ihn an der Hose ab und hockte sich neben Sascha in den Sand.

Diva hat offenbar ausgeschlafen und scheint sich, ihrem Blick nach zu urteilen, zu langweilen. Sie erhebt sich, schleicht zu Georg, und der krault sie hinter den Behängen, bis sie sich zufrieden wieder auf die Sauschwarte legt. Georg lächelt, während seine Augen auf die Hündin gerichtet bleiben: »Die Russen – im Warten sind sie Meister, musst du wissen. Geduld zählt zu ihren herausragenden Eigenschaften. Hektik ist weitab der Metropolen unbekannt. Die Uhren ticken, wenn überhaupt, anders als im Land der Dichter und Denker. In entlegenen Teilen des riesigen Subkontinentes scheint die Zeit stehen geblieben zu sein. Deutsche Pünktlichkeit ist in dem Riesenland nicht sehr verbreitet. Jagt man im ehemaligen Reich der Zaren, tut man gut daran, sich mit der ergebenen Gelassenheit der Einheimischen abzufinden. Ich habe mich auf meinen Jagdreisen längst daran gewöhnt. Trotzdem ärgerte es mich damals, dass wir auf Meier und Luciano warten mussten. Die beiden blieben in aller Gemütsruhe am Frühstückstisch sitzen, ohne Rücksicht auf uns zu nehmen.«

Dann liest der Freund weiter:

Schließlich schlenzte auch Meier heran und stellte sich zu den Wagen. Ein Handy summte. »Meier!« Langes Schweigen. Dann nickte der Konsul erregt, humpelte fort, kam zurück und stammelte: »500.000, das darf doch nicht wahr sein!« Er schlug mit der Hand auf seine Brust, glotzte zu Luigi und schrie: »Seid ihr denn alle bekloppt, nicht mit mir, kommt überhaupt nicht infrage!« Empört watschelte er mit seinem Waffenkoffer zu dem Lada Niva.

Hinter dem Auto kratzte ein Mann nervös mit dem Fingernagel an dem schwarzen Isolierband, mit dem das Reservemagazin an seiner Kalaschnikow festgemacht war. Er blinzelte aus zusammengekniffenen Augen zu seinen Kollegen hinüber und zog sich, als der Konsul ihn begrüßen wollte, schweigend zurück. »Wer ist das denn? Den Kerl habe ich hier noch nie gesehen!« »Dimitri Potemkin aus Moskau, nennen ihn Mitja. Spricht nicht viel, Leute sagen, er Tschekist, Geheimdienst«, klärte Sascha auf.

»Geheimdienst?« Meier zuckte zusammen. »Geheimdienst? Hier in der Wildnis?«, wiederholte er, fuhr sich mit der Handfläche über die Stirn, starrte nachdenklich hinter Mitja her und murmelte: »Schnüffler brauchen wir bei der Jagd wirklich nicht ...« Dann quälte er sich auf den Beifahrersitz.

Am Steuer saß, wie eine Sardelle um die Kaper gekrümmt, mit unbewegter Miene Vitalek. Sein gepflegtes Äußeres hob sich auffallend von der zerschlissenen Kleidung der anderen Jagdhelfer ab. Typischer Stadtmensch, der aus

Not diesen Job hier in der Einsamkeit angenommen hat, dachte ich bei mir. Der Konsul schaute demonstrativ auf seine Armbanduhr und echauffierte sich: »Etwas mehr Rücksicht und Pünktlichkeit kann man doch wohl erwarten, wenn man in einer Gemeinschaft jagt, aber Disziplin ist bei den Spaghettifressern ja ein Fremdwort.«

Endlich erschien auch Luigi. Er reichte Sascha ein elegantes Schweinslederetui, quetschte sich neben Bronck und mich auf die Rückbank, nickte dem Fahrer zu, und wir fuhren los. Die anderen Autos folgten.

»Ein herrlicher Tag. Schau die Färbung der Weiden, ist das nicht fantastisch? Brecht sagte einmal, die Schwärmerei für die Natur kommt von der Unbewohnbarkeit der Städte«, begeisterte sich Graf Bronck. Meier schien es nicht zu hören, starrte teilnahmslos vor sich hin, als grübelte er über den Mann vom Geheimdienst oder das bevorstehende Probeschießen nach. Er nahm die Schönheiten der russischen Wälder gar nicht wahr. Seine Gedanken bewegten sich in weiter Ferne.

Die Fahrt war für die Gäste, auch für mich, ein Spektakel. Sie ging durch Schlamm, Wasserlachen und über umgestürzte Bäume, führte vorbei an schütterem Mischwald, gewaltigen Birken-, Espen- und Pappelbeständen, so, wie die ungestörte Natur sie wachsen, gedeihen und stürzen ließ. Manchmal konnten wir aus dem schaukelnden Geländewagen kaum weiter als 20 Meter in den Bestand sehen. Schließlich lichtete sich der wüste Busch und gab den Blick über eine sich scheinbar bis ins Unendliche dehnende Heidefläche frei. Im Widerschein der von zartem Dunst umflorten Sonne leuchtete das grenzenlos weite Land in wunderbaren goldfarbenen Tönen, strahlte in seiner schwermütigen Schönheit noch einmal die ganze schier unfassbare Fülle des Lichtes zurück, das der reine Himmel über die end- und uferlos erscheinenden Wälder, Moore und Flüsse warf. Letztes Aufbäumen der Natur, die sich gegen den bevorstehenden harten russischen Winter, gegen die frostigen Polarwinde wehrte – eine Natur, die die Sonne täglich tiefer und tiefer zum Horizont sinken sah, die diesen Wandel spürte und dennoch jede Birke, jede Berberitze, jedes vertrocknete Grasbüschel mit schimmerndem Gold über-

hauchte. Und über uns das Rufen unzähliger Wildgänse auf ihrem Weg in den Süden. Mir wurde erneut bewusst, wie klein, wie unbedeutend der weit entfernte winzige Fleck auf dem Globus ist, der sich Deutschland nennt. Doch mich beschäftigte das Gespräch mit Eugen. Wenige Hundert Meter entfernt von dem Platz, an dem wir die Gewehre einschießen würden, standen die Überreste des Kriegsgefangenenlagers aus dem Zweiten Weltkrieg, und das hieß Borovoi, so wie der Ort, in dessen Nähe mein Vater wahrscheinlich gestorben war. Es würde keine endgültige Gewissheit für mich geben, ob sich hier wirklich sein Grab befand. Von den Baracken und all dem, was von dem Leid der Menschen zeugte, waren ja kaum noch Spuren zu erkennen. Die Natur hatte sich in den vergangenen Jahrzehnten gierig wieder zurückgeholt, was die Menschen ihr entrissen hatten. Sei es, wie es sei, jedenfalls stoppte die Kolonne plötzlich. Sascha sprang aus dem Auto, eilte mit dem Karton 100 Schritte voraus, platzierte ihn an den Fuß einer dicken Erle und verschwand seitwärts im dichten Bestand.

Alexander zündete sich eine Zigarette an, zerrte aus dem anderen Wagen einen zusammengelegten Tisch und stellte ihn 20 Meter neben den Autos auf. Davor postierte Boris umständlich einen wackligen Küchenstuhl.

Eine reibungslose Prozedur, die hier augenscheinlich schon viele Male ausgeübt worden war. Schweigend beobachteten Raissa und Maria die russischen Jagdhelfer, während Meier, zunehmend mieser gelaunt, davonhumpelte, sich im Laufen die Hose aufknöpfte und breitbeinig hinter einem Busch stehen blieb, um der Natur ihren Lauf zu lassen.

»Findest du nicht auch, dass er sich wie ein Affe bewegt?«, flüsterte Bronck und schaute angewidert weg, worauf sein Freund Prettenkamp den Kopf schüttelte: »Weißt du, was Mark Twain einmal gesagt hat?« Ohne eine Antwort abzuwarten, fuhr er lächelnd fort: »Gott hat den Menschen erschaffen, weil er vom Affen enttäuscht war.«

Während die anderen Gäste Gewehre und Patronenschachteln aus den Autos herbeitrugen, packte der Conte seine reich gravierte Doppelbüchse mit dem wunderschön gemaserten Schaft aus, öffnete den Verschluss, spähte durch die Läufe und lehnte sie vorsichtig an den wackligen Tisch. Die Blicke der Russen verfolgten jede Bewegung des Italieners und hingen gebannt an seiner Luxuswaffe. Nachdem Vitalek schüchtern gefragt hatte, ob er sie einmal in die Hand nehmen dürfte, verloren auch die anderen Jagdhelfer ihre Scheu. Voller Bewunderung glitten ihre Blicke zwischen der wertvollen Büchse und deren Besitzer hin und her, und schließlich wanderte die Waffe von einem zum anderen. Jeder machte ein paar Anschlagübungen und nickte anerkennend zur Freude des italienischen Adeligen.

»Kaliber .375 Holland & Holland – für so ein Gewehr mancher hier würde Mord begehen«, meinte Alexander und machte ebenfalls einige Anschlagübungen mit dem Prachtstück.

Weil Meier immer noch zwischen den Büschen stand, ermunterte Bronck schließlich missmutig Lamboretti-Tacoli: »Luigi, fang du an.« Der zog lässig seine elegante Jacke aus, hängte sie an den Ast einer verkrüppelten Kiefer, nahm seine Büchse, setzte sich vor den Tisch, ging in Anschlag, und während sich Raissa und Maria die Ohren zuhielten und den Italiener gespannt beobachteten, brachen die ersten beiden Schüsse an diesem Vormittag. Erwartungsvolles Schweigen und Starren. Sascha stürzte aus seiner Deckung heraus zu der Pappkiste: »Popal! Genau Mitte!«, kam der befreiende Ruf. »Sehr gut«, kommentierte Eugen die Treffer und zwinkerte dem Conte komplizenhaft zu.

Zufrieden räumte der Conte den Platz für Bronck. Der zielte konzentriert, korrigierte das speckige Kissen, das als Auflage vor ihm auf dem Tisch lag, und nachdem er endlich geschossen hatte, Sascha zur »Scheibe« gesprungen war, tönte es: »Unter Rand von Schwarz!« Auch Graf Bronck war mit seinem alten 98er-Repetierer zufrieden.

Als sich Prettenkamp vor den Anschusstisch setzen wollte, hinkte der Konsul aus dem Gebüsch, knöpfte währenddessen die Hose zu und rieb sich die Hände, als friere er.

»Alle warten auf dich, Signore«, frotzelte der Conte.

Meier schlug nervös nach einer dicken Fliege. »Scheißvieh, geh zu Luigi, der hat blaues Blut, oder ist das für deinen Geschmack auch nichts?«, zischte er, drängte Prettenkamp zur Seite und setzte sich vor den Tisch.

Wortlos reichte Eugen ihm den Gewehrkoffer und leise schnappten beim Öffnen die glänzenden Messingverschlüsse hoch. Behutsam nahm der Oberjäger das Laufbündel aus der Lederkiste, passte den Schaft in das System ein, fasste den Vorderschaft, setzte die Waffe zusammen, hakte das Zielfernrohr ein und überreichte sie wieder seinem Besitzer. Meier kramte ein ledernes Etui aus seiner Hosentasche, nahm zwei Patronen heraus, lud die Waffe und klappte sie zu.

Zwei Schüsse hallten. Sascha flitzte aus seiner Deckung, untersuchte den Karton, winkte mit über den Kopf gestreckten Armen: »Promasal!« Und Eugen stellte sachlich fest: »Kugeln oben am Rand getroffen, noch mal schießen – bitte schön.«

»Dicht daneben ist auch vorbei«, feixte der Italiener und blickte Zustimmung heischend in die Runde. Meier glotzte mit offenem Mund in die Runde, als sei er selbst von einer Kugel getroffen worden.

»Kann passieren. Wahrscheinlich war ein Ölfilm im Lauf. Das ergibt Hochschuss«, versuchte Prettenkamp die Nichttreffer zu erklären.

»Natürlich, habe mit der Knarre noch nie vorbeigeschossen«, knurrte der Konsul, lud, ging in Anschlag, rutschte mit dem Stuhl zurück und veränderte umständlich noch einmal seine Körperhaltung.

»Ich hoffe, die russischen Sauen haben genauso viel Geduld wie wir. In der Toskana müsstest du schon etwas schneller sein«, feixte Luigi und erntete einen vernichtenden Blick des Konsuls.

Auch nach dem dritten und vierten Schuss fand Sascha kein weiteres Loch im Karton. Bronck zuckte mit den Schultern. Sein Kopf pendelte, einem kraftlosen Metronom nicht unähnlich, hin und her. Er wischte sich mit seinem grünen Taschentuch, auf das ein Paar Grandeln gestickt waren, über die Stirn, starrte, nervös an den Lippen nagend, vor sich hin und murmelte: »Vielleicht ist das Gewehr auf dem Transport irgendwo angestoßen.« Prettenkamp schlenderte zum Auto, als müsse er dringend etwas holen.

Meier sprang auf, stolperte keuchend den ganzen Weg zum Karton, hob ihn gegen das Licht, drehte ihn, fand aber neben seinen beiden Randschüssen auch nur die Einschüsse von Luigi und Bronck. »Das kann doch nicht wahr sein!«, empörte er sich laut, lud das Gewehr und gab noch einmal zwei Schüsse ab. Diesmal zeigte Sascha wieder zwei Treffer an. Eine Kugel traf den unteren Rand, die andere mitten in die »Zwölf«.

»Wie bei der Artillerie, die muss sich auch erst einschießen«, kommentierte der Italiener. »Lass mich mal«, schlug er vor und setzte sich hinter den Tisch. Widerwillig überließ Meier ihm die Waffe. Nach kurzem Anvisieren knallte es wieder zweimal durch den Busch. »Schüsse sitzen im Zentrum«, winkte Sascha den Jägern zu.

»Das hättest du nicht erwartet, stimmt's?«, fragte Luigi mit dem Grinsen eines Schülers, dem es gelungen ist, einen Schabernack erfolgreich zu inszenieren. Die Russen tuschelten. Meiers Gesicht lief rot an. Wütend stapfte er zum Auto und schmiss sich auf den Beifahrersitz. »Mach dir keine Gedanken, wenn der Keiler groß genug ist, wirst du ihn bestimmt treffen«, rief der Italiener seinem Geschäftspartner hinterher, und Breccler flüsterte: »Den Kerl sollte man zum Mond schießen, da kann er Mondkälber jagen.«

Nach Prettenkamps Probeschüssen zeigte Sascha »Genau Mitte« an. Breccler opferte nur eine einzige Patrone. »Ich habe nur zehn Schuss mitgenommen«, entschuldigte er sich, als hätte er ein schlechtes Gewissen. Seine Kugel saß ebenfalls in der Mitte des Kartons.

Hahns Gewehr passte nicht so recht in das feine Waffenarsenal der illustren Gesellschaft: ein Geradezug-Repetierer mit Schalldämpfer, schwarzem Kunststoff-Lochschaft und sechs Patronen fassendem Magazin. Hahn feuerte gleich das ganze Magazin leer, traf jedes Mal den Karton, die Einschüsse lagen allerdings weit auseinander. »Hätten unsere Landser so eine Kanone in Stalingrad gehabt, hätten wir den Krieg gewonnen«, grinste Breccler. Allgemeine Heiterkeit, nur ich schluckte trocken.

Ist Jagen ein (Wett-)Kampf?

Inzwischen hat Diva erneut ihre Sauschwarte verlassen und sich neben Georg gesetzt. Der sieht mich an: »Darf man sich über Stalingrad, über Kriege amüsieren? Darf man sich über Ehrbegriffe und Traditionen lustig machen, ja sie in den Schmutz ziehen mit primitiven Sprüchen und derartigen Vergleichen? Entwürdigt man nicht die vielen Millionen Soldaten und Zivilisten, die ihr Leben für andere, für uns, geopfert haben? Jagd ist doch kein Kampf, nicht einmal ein Überlebens- oder Wettkampf. Militärische Auseinandersetzungen sind die Hölle auf Erden, das weiß jeder. Beim Jagen stehen sich Jäger und Wild aber doch längst nicht mehr mit gleichen Waffen gegenüber. Wild ist doch kein Gegner, geschweige denn Feind des Jägers.« Georg schüttelt den Kopf und blickt mich fragend an. Dann liest er weiter:

Ich schaute hinüber zu der Waldkulisse, hinter der die Zeugnisse des Krieges standen, letzter Ballast der Geschichte, und ich verspürte plötzlich wieder den Drang, die wenigen Hundert Meter dorthin zu gehen, aber ich blieb bei meinen »Kunden«. Sie bezahlten mich, erwarteten von mir, dass ich ständig für sie da wäre, um ihnen mit Rat und Tat zur Seite zu stehen, ja, ich hatte mich an diese Leute verkauft, ob ich wollte oder nicht; ich wusste, ohne mich wären sie hilflos.

Georg schaut schon wieder auf und mich an, als erwarte er Widerspruch, aber wie sollte ich widersprechen? »Ja, so ist es, wenn du als Tourführer unterwegs bist, du hast es nicht immer mit alten Hasen zu tun.«

Georg streicht der Hündin nachdenklich über den Rücken und nimmt noch einen Schluck Bier: »Es ist erschreckend, ich deutete ja schon an, manche meiner Gäste glauben, sie seien Jäger, wenn sie einen vierwöchigen Ausbildungskurs besucht haben. Ich hatte mal ein Projekt *Jagen auf eigene Faust in Schottland* für Jungjäger ausgeschrieben. Jeder bekam ein Gebiet zugeteilt. Anhand einer Landkarte wurden dem Kunden landschaftliche Eigenheiten seines Bezirkes, vermutliche Einstände, Wasserläufe, Berge und Täler, bevorzugte Äsungsstellen, Hochsitze, übliche Windrichtung und so weiter erklärt. Anschließend zeigten wir jedem Gast sein Revier, und er konnte fünf Tage lang nach Herzenslust jagen, wann, wie und wo immer er wollte. Der Erfolg war deprimierend. Kaum einer erlegte einen Bock, obwohl die Rehwilddichte in den Revieren hoch war. Also mit der Ausbildung der Jäger in Deutschland liegt manches im Argen, glaube ich.« Aus Georgs Äußerung spricht Resignation.

Es entsteht eine längere Pause, bevor mein Kumpel weiter aus seinem Manuskript vorliest:

Die beiden Frauen waren losgezogen und hatten Himbeeren gepflückt. Nun kehrten sie zurück, und wir ließen uns die süßen Früchte schmecken, diskutierten die Treffer, und Christian Hahn wurde einstimmig zum Schützenkönig erklärt. Die Pappschachtel flog in hohem Bogen ins Gebüsch und blieb im Gewirr aus Brennnesseln, Kletten und verkrüppelten Weidenbüschen hängen. Schließlich bestimmte Eugen: »Zurückfahren!« und beauftragte Vitalek, die mit hellem Lehm vollgespritzten Autos zu säubern.

Als wir am Jagdhaus ankamen, schlenderte ich mit Lamboretti-Tacoli und Ferdinand Bronck zu den Wirtschaftsgebäuden, wo Vitalek die Fahrzeuge wusch. Ein mürrischer Blick zum Italiener, dann schlurfte der Russe fort, um frisches Wasser zu holen. Weil kein Anschluss vorhanden war, musste er Eimer für Eimer aus dem Haupthaus heranschleppen.

»Sind wir nicht verrückt, verlassen unser gemütliches Heim und unsere Familie, fahren mehrere Tausend Kilometer weit, wohnen fern jeglicher Zivilisation in einem einfachen Jagdhaus, um zu jagen, und ziehen uns auch noch Unverständnis, ja sogar den Hass mancher Mitmenschen zu?«, überlegte der Italiener laut.

Bronck gönnte ihm einen sehr speziellen Blick: »Mit Sicherheit nicht. Jagen gehört einfach zu unserem Naturell. Unsere Familien jagen doch seit Menschengedenken. Menschen mussten immer jagen, versagten sie, drohten Hunger und Tod. Auch wenn sich der Jagdtrieb wandelt, eher auf Macht, Geld oder

Konsum zielt, lebt er in uns. Als ich jünger war, war die Jagd ein Privileg für Herren. Von einem wirklichen Waidmann wurden Ehrgefühl, Moral, Respekt vor der Schöpfung erwartet, aber die Jägerschaft hat sich verändert.« Weil die Worte des Grafen ohne Echo nachhallten, redete er weiter: »Waidgerechtigkeit und Hege sind keine leeren Phrasen. Wenn Jagen aber nicht aus dem tiefsten Inneren kommt, es keine Herzensangelegenheit ist, zum kommerziellen Lustgewinn wird, ist es verkommen. Nur wer sich nicht als Herr über das Leben seiner Mitgeschöpfe erhebt, sondern als sinnhafter, hegender Teil dieser Schicksalsgemeinschaft, die man Natur nennt, handelt, ist ein guter Jäger. Jagd ist zwar Freude, aber zuallererst Verantwortung für das uns Anvertraute, für das Revier, den Lebensraum unserer Wildtiere, die Tiere selbst. Menschen jagen aus unterschiedlichsten Motiven. Denkt doch einmal an die Naturvölker. Eskimos, die ihrer Hauptnahrung, den Robben, nachstellen, Buschmänner, die sich durch Jagd ernähren, Trapper, die ihren Lebensunter-

halt mit Fallenstellen bestreiten, white hunter, die durch Führung von Jagdgästen oder Grundbesitzer, die durch Verpachtung ihres Jagdausübungsrechtes oder Verkäufe von Abschusserlaubnissen verdienen, aber auch Berufsjäger, die Reviere betreuen. Außerdem sind da die Bauern, die ihre Ernten schützen müssen, und Forstwirte, die um ihre Kulturen besorgt sind. Wieder andere sind nur auf Wildbret erpicht, Waffenliebhaber gehen wegen des Schießens raus bzw. betrachten Jagd als Sport oder willkommene Abwechslung vom Berufsalltag. Hundefreunde legen wegen ihrer vierläufigen Begleiter die Jägerprüfung ab, und Trophäensammler wollen Rekorde erringen. Schließlich sind da noch Leute, die diese emotionalen Stunden geschäftlich nutzen, aus gesellschaftlichem Prestige imponieren wollen oder Jagd lediglich als gesunden Zeitvertreib an der frischen Luft betrachten. Sie sind wahrscheinlich in der Mehrzahl. Unsere Familien jagten seit Jahrhunderten, und wir führen eine alte Tradition fort. Ethische Jagd war ein Privileg weniger – aber sie verkommt zu einem gesellschaftlichen Event des Proletariats. Unsere Freunde hier gehören ja auch nicht unbedingt alle zur jagdlichen Elite. Die Welt wird sich ohne uns weiterdrehen, aber nur solange es anständige Jäger gibt, wird es auch Wild geben«, beendete der alte Herr seinen Monolog.

»Zwischen Mensch und Tier gibt es eine Grenze, wo die Jagd aufhört, Jagd zu sein, und zwar dort, wo der Mensch seiner technischen Überlegenheit über das Tier freien Lauf lässt«, zitierte ich Ortega y Gasset. Die anderen nickten zustimmend, und wir schlenderten schweigend zum Jagdhaus zurück.

Vitalek hatte seine Arbeit beendet. Die Fahrzeuge, von der dicken Lehmschicht befreit, glänzten wie neu, registrierte ich.

Ich will ein weiteres Stück Holz auf das Feuer werfen, aber Georg wehrt ab. »Wir haben noch eine halbe Woche Zeit, in der wir über mein Manuskript reden können. Lass uns mal einen Augenblick an den Matratzen horchen. Wir sollten jetzt Schluss machen und beim ersten Licht im Moor sein.« Ich willige ein, und wir legen uns schlafen.

Jagd in der Steinzeit: Ursprünge und alte Techniken

Fünfter Kaminabend:
Weite Schüsse
oder: Jäger und Gejagte

Bei völliger Dunkelheit pirschen wir anderentags zum Moor, in der Hoffnung, dort die vier Überläufer auf dem Rückwechsel in ihre Einstände abzupassen. Es geht weitaus mehr als eine steife Brise, es sind eher stürmische Winde, die uns fast die Hüte vom Kopf wehen, als sich unsere Wege vor dem Moor trennen.

Der Waldboden ist mit Zweigen und trockenen Ästen bedeckt, die der Sturm von den knorrigen Bäumen gerissen hat. Trotzdem brauche ich nicht besonders vorsichtig zu pirschen. Das Heulen und Toben des tosenden Windes verschluckt alle knackenden und raschelnden Geräusche unter meinen Schuhsohlen.

Ich hocke mich mit meinem Hund unter eine alte ausladende Fichte, um etwas Schutz vor dem Regen zu haben. Dann plötzlich treibt der Sturm die dunklen Wolken fort. Ich habe Glück, mein nach Wind, Deckung und Fährtenbild ausgewählter Platz ist goldrichtig. Die vier Sauen erscheinen, wie erwartet, ich kann eine von ihnen erlegen.

Während ich sie aufbreche, fällt dort, wo ich Georg vermute, ein Schuss. Die Sauen waren in seine Richtung geflüchtet, zogen schon wieder ziemlich vertraut an ihm vorüber, und er konnte ebenfalls einen Überläufer erlegen. »Es geht auch ohne Kirrung und geschlossene Kanzeln«, ist sein Kommentar, als wir wieder zusammenkommen.

»Ich erzählte dir von dem Buch ›Der vollkommene Angler‹, in dem ich gerade schmökere. In Anlehnung daran: Wir haben gerade aktiv und kunstvoll mit der Fliege gewaidwerkt, an der Kirrung wäre es passiv und kunstlos mit einem Wurm gewesen«, lächele ich.

Die Bergung aus dem morastigen Gelände ist mühsam. Es ist bereits früher Nachmittag, als wir unsere Beute endlich an den dicken Ast der Eiche vor der Hütte hängen, an dem bereits der Rehbock vom zweiten Morgen nach dem Aufbrechen hing. Wir sind beide fix und fertig, rufen den Freund an, und er verspricht vorbeizuschauen, um das Wild abzuholen. Anschließend genießen wir die letzten Strahlen der Abendsonne vor der Hütte, essen ein paar Scheiben Brot mit geräuchertem Schinken, trinken Bier, lassen es uns gut gehen und freuen uns über die gelungene Morgenpirsch.

»Kannst du dir vorstellen, dass viele meiner Gäste, bevor sie mit mir in Afrika, Alaska oder Australien jagten, noch nie ein Stück Wild vom Boden aus geschossen haben? Pirschen haben sie nie gelernt, erledigen den Abschuss von einer Kanzel aus, fühlen sich aber nach dem Besuch einer Jagdschule als perfekte Jäger. Ist das nicht ein Armutszeugnis?«

Ja, was soll ich ihm darauf antworten? Wir haben bereits als Buben gelernt, uns mit dem Luftgewehr an Spatzen heranzuschleichen, und so jagdliche Erfahrungen gesammelt, dass wir bereits mit zwölf Jahren Rehböcke bestätigen konnten.

Wir schwelgen weiter in Erinnerungen an unsere Jugendzeit, die Zeit vergeht wie im Fluge, und wir verzichten erneut auf den Abendansitz. Stattdessen zünde ich das Feuer im Kamin an, und lausche bald darauf wieder Georgs Erzählungen über seine Russland-Reise.

Die Hohe Kunst des Jagens ist verkommen

In den nächsten Tagen wurden vor dem Jagdhaus fünf Hirsche zur Strecke gelegt. Prettenkamp hatte einen alten Zwölfer geschossen, Hahn einen geringen 14-Ender, der Italiener einen hochkapitalen ungeraden 22-Ender. Außerdem lagen ein alter 18-Ender und ein abnormer Zwölfer, die auf Meiers Konto gingen und mich besonders beschäftigten. Wie kam es dazu?

Nachdem Meier und ich auf der ersten Morgenpirsch kaum Wild gesehen hatten, war der Konsul gereizt und polterte nach erfolglosem Abendansitz, bei dem wir auch keinen Hirsch vorhatten: »Verdammt, ich habe zwölf Kilo gebucht und im Voraus bezahlt!«

Am nächsten Morgen zog vor Anbruch der Dämmerung, wir saßen auf einer Kanzel an einer Wildwiese, beim ersten Büchsenlicht der 18-Ender mit einem Rudel Kahlwild gute 200 Gänge von uns entfernt durch das Stangenholz. Der Konsul war in Anschlag gegangen, zitterte aber so stark, dass er die Waffe wieder sinken lassen musste.

»Ist dein Gewehr eingeschossen?«, raunte er. Ich nickte.

»Los, schieß«, flüsterte er, »muss ja niemand erfahren.« Ich zögerte. Es war ja nicht das erste Mal, dass ich einem unsicheren Gast beispringen sollte, doch so weite Schüsse widerstreben mir.

Meier drängte ungeduldig: »Schieß schon, verdammt noch mal, gleich ist er weg!« Als das Kahlwild in der Dickung verschwand, der Hirsch aber noch verhoffte, brach er nach meinem Schuss nach wenigen Fluchten zusammen.

Kaum hatte ich ihn versorgt, die rote Arbeit beendet, drängte der Konsul ungeduldig zur Eile. In rasanter Fahrt ging es zum Jagdhaus, wo der Kerl nicht müde wurde, von seinem spannenden Jagderlebnis und seinem Meisterschuss zu berichten.

Er und Lamboretti-Tacoli hatten, nachdem der 18-Ender vor dem Jagdhaus verblasen worden war, bis spät nach Mitternacht zusammengesessen, erregt *diskutiert, viel getrunken, und am nächsten Morgen fehlte der Konsul beim Frühstück. Um es kurz zu machen: Den Abschuss des ungeraden Zwölfers mit den kurzen Augsprossen, doppelt so langen Mittelsprossen und einer Krone überließ er ebenfalls mir.*

Ein Geweih wird zur fremden Feder

»Schieß den Krüppel, aber halt die Schnauze, ich zahle. Braucht ja außer den Iwans niemand zu erfahren«, lallte er verschlafen, nachdem ich ihn geweckt hatte. »Du kriegst dein Geld schon«, setzte er noch hinzu, wälzte sich in seinem Bett auf die andere Seite und beachtete mich nicht mehr.

Georg macht eine lange Pause. Als ich ihn auffordern will, weiterzuerzählen, streckt er sich genüsslich und fragt, wie ich es mit weiten Schüssen halte. Ich überlege, doch bevor ich antworten kann, erzählt er: »Als 15-Jähriger – mit dem Alter nahm man es bei Gesellschaftsjagden früher nicht so genau – habe ich zu Hause auf einer Treibjagd einen Hasen auf gut 50 Meter beschossen. Mein strenger Lehrherr hatte es beobachtet und mich anschließend verdonnert, ohne Flinte in der Treiberwehr mitzugehen. ›Merke dir, ein von Borstel schießt nicht zu weit, du bist Jäger, kein Kunstschütze!‹, schimpfte er, als ich den weiten Schuss herunterspielen wollte.

Ich kann mir ja meine Kunden nicht aussuchen und ihnen vorschreiben, wie weit sie schießen dürfen, sie bezahlen mich schließlich für meine Dienste. Im Übrigen halte ich es hier mit den Briten: *The hunt starts within the last fifty yards.*«

Georg und ich kommen zu dem Schluss, dass wir auch hinsichtlich weiter »Kunstschüsse« dieselbe Meinung vertreten.

»Gert, ist es verwerflich, dass ich anstelle von Meier den Hirsch geschossen habe?« Georg schaut mir direkt in die Augen, als er mich fragt, und ich erwidere seinen Blick: »Es ist schließlich dein Job. Wenn man jemandem Fehlverhalten oder mangelndes Ehrgefühl vorwerfen kann, dann wäre es Meier«, antworte ich und hebe leicht die Augenbrauen.

»Mir kamen damals Zweifel. Vor meinem geistigen Auge erschien ein großer Gedenkstein mit der Inschrift: *Vermisst in Borovoi*. Was würde mein Vater über mich denken?«, meint Georg leise, und es entsteht wieder eine lange Pause, bis er zu seinem Manuskript greift. Aufmunternd nicke ich ihm zu, als er mit dem Vorlesen fortfährt:

Während sich die Gäste mit ihren Führern auf bequemen Kanzeln an Wildäckern und Äsungsflächen verteilten, zog ich mit Alexander los, um besagtem »Krüppel« in dessen Einstand nachzustellen. Wir genossen einen zauberhaften Morgen. Den Unbekannten – er brunftete in einem riesigen Schilfgebiet – hatte außer Alexander noch kein anderer Jäger gesehen. Alle schwärmten lediglich von einer ungewöhnlich tiefen Stimme, aber die ist nicht immer ein Zeichen für Alter oder Stärke.
Nach zwei nebligen warmen Abenden, an denen die Hirsche verschwiegen, wir kaum Wild vorhatten, war die Nacht vor unserer Morgenpirsch zum Einstand des »Geisterhirsches« kalt, der Himmel klar.
Alexander und ich haben uns immer gut verstanden, obwohl ich kaum Russisch spreche und er kaum Deutsch versteht. »Jagd kennt keine Grenzen, Jäger sprechen eine Sprache«, formulierte unser Wildmeister dieses Phänomen. Alexander ist ein perfekter Fährtenleser. Dort, wo ich keinerlei Zeichen entdecke, findet er kaum wahrnehmbare Spuren im Sand, geknickte Grashalme, umgewendete Blätter und Steinchen oder abgestreiften Tau, woran er sieht, wann welches Wild wohin gezogen ist – bewundernswert.

Zwielicht – der immer wiederkehrende, ewige Kampf zwischen Nacht und Tag, Dunkelheit und Licht, ewig, wie das jedes Jahr aufs Neue durch die Wälder tönende Röhren der Rothirsche. Es herrschte eine fast atemberaubende Stimmung im Wald. Als es dämmerte, näherten wir uns der Schilffläche, dem Einstand des Alten. Vom klagenden Kichern eines Kauzes begleitet, schlichen wir in die Nähe des meldenden Hirsches. Deutlich hörten wir es brechen. Wildkörper drängten durch dichtes Gezweig. Dann Sprengruf – kaum 30 Gänge vor uns prasselte ein Stück Wild davon, gefolgt von einem stärkeren. Das zweite verhoffte. Sehen konnten wir es nicht mehr, nur noch hören. Ein wütender, tiefer Bass erscholl – der Platzhirsch hatte einen Nebenbuhler vertrieben. Schemenhaft erkannten wir ihn. Dann war er verschwunden, verschluckt von Dämmerlicht und Deckung. Angestrengt lauschten wir. Der Hirsch stand wieder beim Rudel, 150 Meter von uns entfernt, und knörte ab und an. Möglichst lautlos beeilten wir uns näherzukommen. Geweihgeklapper klang herüber, scherzende Beihirsche. Dann endgültig Stille. Schnell wurde es heller. Die Sonne war im Hochwald noch nicht zu sehen, hatte sich aber bereits über den Horizont erhoben und verzauberte den in lichte Nebelschwaden eingehüllten Morgen. Die braunen Blätter der Birken wurden zur leuchtend goldenen

Kulisse. Breite Strahlen, in die sich sanfte Dunstschleier hineinwebten, drängten durch die Kronen der dunklen Fichten. Unterschiedliche Farben und Färbungen verwandelten den Wald in einen Lebensraum voller Geheimnisse, in ein Reich der Nymphen, Kobolde, Trolle und Elfen.

Es war bereits taghell. Da meldete der Hirsch noch einmal. Geräuschlos, immer wieder den Wind prüfend, näherten wir uns dem Brunftgeschehen. Hirschrot schimmerte es plötzlich zwischen den weißen Birkenstämmen – Kahlwild. Zwei Tiere mit Kälbern ästen vertraut kaum 20 Gänge entfernt. Spannende fünf Minuten vergingen, bis wir auch den Platzhirsch ausmachen konnten. Er wirkte, wie er im hohen Schilf umherzog, viel stärker als die Tiere.

War ich von der bezaubernden Stimmung dieses Morgens schon fasziniert, ließ mir der Anblick des Geweihs den Atem stocken. Das bräunliche Bentgras war von Raureif bedeckt, sodass es schien, als näherte sich der Hirsch auf einem silbernen Teppich. Als der Herr des Rudels verhoffte, noch einmal seine ganze urwüchsige Kraft in den klaren Morgen schrie, saugte sich der Stachel

meines Zielfernrohrabsehens auf dem Blatt fest, der laute Schuss entweihte urplötzlich den so stimmungsvollen Morgen.
Nachdem wir zu dem Gestreckten getreten waren, wurde mir bewusst, was für einen Hirsch ich erlegt hatte, mindestens vom 15. Kopf. Der Alte hatte seine Funktion im natürlichen Kreislauf längst erfüllt, und die Pirsch war nach meinem Herzen gewesen: umsichtiges Planen, Intuition, Spannung, jede Minute der Mosaikstein zu einem perfekten, unvergesslichen Jagderlebnis zwischen Trauer und Triumph, das sich nicht mit Geld aufwiegen lässt. Auch Alexander, der den Abnormen bereits kannte, war fasziniert.
Die Sonne stand bereits hoch über dem fernen Horizont. Auch wenn sie jetzt, im Oktober, hier im tiefen Russland nicht mehr die alte Kraft besaß, versprach sie einen freundlichen Tag. Doch als wir nach der roten Arbeit und langer Totenwacht noch ganz erfüllt von der packenden Morgenpirsch zum Jagdhaus zurückkehrten, wurde ich wieder von der Wirklichkeit, von der Realität meines Berufes eingeholt. »Krüppel«, lautete Meiers lapidarer Kommentar, als der Abnorme vor dem Jagdhaus zur Strecke gelegt wurde.
Ich blickte ernüchtert zum bewölkten Himmel und kalkulierte: Nicht viel mehr als 1.000 Euro wird die Rechnung für den Abschuss des »Krüppels« betragen. Meiers ungerader 18-Ender kostet mindestens das Siebenfache. Der Konsul wird anstandslos bezahlen, beide Trophäen werden an den Wänden von Meiers Villa in Salzgitter repräsentieren und als Alibi für eine Jagdreise inklusive Kulturprogramm herhalten.

Hochkapital

Für den Italiener war die Erlegung des 22-Enders ebenfalls spannend und stimmungsvoll, allerdings hatte es einen unerfreulichen Zwischenfall gegeben. Vitalek, der ihm als Führer zugeteilt war, musste Fahrzeuge reparieren, der Conte war deshalb am ersten Abend mit Mitja hinausgegangen. Die beiden hatten kein Rotwild gesehen. Als sie nach dem Ansitz zurück ins Jagdhaus kamen, machte der Gast aus Italien einen bedauernswerten Eindruck. Beim Besteigen einer hohen Kanzel war eine Leitersprosse gebrochen, er war hinuntergestürzt. Mehrere Blutergüsse und eine schmerzende Schulter, wahrscheinlich geprellt, hatte mein Gast davongetragen. Trotz der Blessuren bestand er darauf, am Morgen wieder mit Mitja hinauszugehen. Die beiden hatten aber nur Kahlwild vor.

Am zweiten Abendansitz wurde der Italiener von Alexander begleitet. Sie beobachteten einen 22-Ender mit dicken dunklen Stangen und enormer Auslage, dem sie am nächsten Morgen erneut nachstellten. Alexander berichtete mir alles so ausführlich, dass ich die Pirsch der beiden wie einen Film vor mir sah: Auf dem Rückweg vom Frühansitz pirschten sie in dem Erlenbruch, in dem sie den Kapitalen am Vorabend gesehen hatten, einen von Brennnesselgestrüpp gesäumten Weg entlang.
Plötzlich blieb Alexander abrupt stehen und raunte, das Glas vor den Augen: »Junger Hirsch!« Der Conte starrte durch sein Fernglas in die angegebene

Richtung und machte nach längerem Spekulieren über den feuchten Brennnesseln das Geweih eines Zehners aus. Dann erschien ein Sechser, auch von ihm ragten lediglich Haupt und Geweih über den Bewuchs.

Als die Hirsche weiterzogen, zwischen den hohen Brennnesseln verschwunden waren, erschien der Träger eines Stückes Kahlwild über dem grünen glänzenden Blättergewirr und tauchte wieder darin unter. Vertraut wechselte das Rudel zu seinem Tageseinstand. Der Kopf eines anderen Tieres tauchte auf, 20 Gänge weiter erhaschten die Männer wieder eine Bewegung: Ein Spießer erhob sich aus dem Gewirr von verdorrten Stauden und Blättern. Vor den jungen Hirsch schob sich ein Schmaltier. Als es sich schüttelte, war es von einer sprühenden, blitzenden Wolke aus feinen Wassertropfen, die aus seiner Decke stob, umgeben.

Vertraut näherte sich das Rudel dem Rand der moorigen Wildnis aus Erlen und Brennnesseln. Als es verschwunden war, der Italiener weiterpirschen wollte, raunte Alexander: »Warten, vielleicht kommen alter Hirsch«, und nach einer gefühlten Ewigkeit stand plötzlich tatsächlich der Kapitale vor ihnen. Seine dunklen Stangen glänzten im Sonnenlicht, als glitten sie schwerelos schwebend durch diese Wildnis über dem Bewuchs dahin. »Schießen«, flüsterte Alexander, »ist unser Hirsch.« Als ein Teil des Trägers frei wurde, schoss der Conte, und sie hörten den alten Recken nach mehreren krachenden Fluchten im Unterholz zusammenbrechen.

Eine bebende Zigarettenpause später arbeiteten sich die beiden Männer durch tiefen Morast und hohes Gestrüpp zum Anschuss. Einen halben Meter dahinter leuchtete auf dunkelbrauner Nadelstreu hellroter Lungenschweiß. Eine breitgewalzte, rot benetzte Spur führte nach 30 Gängen zu dem verendeten Recken.

Schütze und Jagdführer waren tief beeindruckt. So stark hatten sie den Hirsch nicht angesprochen.

Die Sumpflandschaft wurde von der aufgehenden Sonne verzaubert. Weiße Dunstschleier spielten mit dem Sonnenschein. Glitzernde Tropfen reflektierten das funkelnde Licht in den dünnen Zweigen der schlanken Bäume.

Über den Brennnesseln lag ein sonderbarer Glanz, der der Umgebung eine feierliche Stimmung verlieh. Ab und zu taumelte ein nasses braungraues Blatt zu Boden oder segelte zwischen den Stämmen dahin. Die seltsame Beleuchtung, das Spiel des Lichtes mit den Schatten und Farben vermittelte dem Wald etwas Weihevolles, nahezu Mystisches. Andachtsvoll genossen die Männer das friedliche Geschehen und harrten lange neben dem alten Recken aus, bevor sie sich auf den Rückmarsch machten.

Das Geweihgewicht betrug, wie sich später herausstellte, 12,4 Kilogramm! Die russischen Helfer benötigten mit einem Kettenfahrzeug über zwei Stunden, um den Hirsch zu bergen – auch in der sibirischen Wildnis sind die Menschen im 21. Jahrhundert von der Technik abhängig.

Noch ganz ergriffen von den vergangenen Stunden, schlenderten der glückliche Schütze und sein erfolgreicher Pirschführer schließlich durch ein wahres Meer verblühter Weidenröschen zum Auto. Luigi schwärmte: »Was muss das im Sommer für ein bezaubernder, paradiesischer Anblick gewesen sein! Nun vergeht alles. Dunkel, schwarz, bedrohlich wirken die absterbenden Strünke. Die fröhlichen, unbeschwerten Sommerfarben sind denen der Trauer, der Vergänglichkeit gewichen«, meditierte er.

An der Strecke

Als der Hochkapitale vor dem Jagdhaus auf Eichenzweigen zur Strecke lag, tanzte der Schütze, als wäre er 15 und nicht über 50 Jahre alt, wie ein balzender Spielhahn herum, und als Christian Hahn mit seinem Jagdführer aus dem Revier dazukam – er hatte einen Hirsch geschossen, der nachgesucht werden musste und erst nach knapp 400 Metern gefunden wurde –, war die Freude unter den Gästen riesig. »In der Beschränkung zeigt sich erst der Meister«, strahlte Hahn, als Alexander den schwachen 14-Ender noch einmal extra verblies. Ich glaube aber, Hahns Zufriedenheit war nur gespielt.

Als Meier, endlich seinem Schlafzimmer entflohen, zur fröhlichen Runde stieß, verharrte er wie versteinert vor Luigis Hirsch. Lange betrachtete er dessen kapitales Geweih. »Haste endlich auch was zu Boden gebracht?«, brummte er und musterte seinen Geschäftsfreund abschätzig von oben bis unten. »Na ja, die dümmsten Bauern ernten ja bekanntlich die dicksten Kartoffeln.« Unbeeindruckt von der Reaktion seines Partners, schilderte der Italiener wieder und wieder die spannende Pirsch bis zur Erlegung seines Hirsches und war noch ausgelassener, noch fröhlicher als sonst.

Ja und dann fanden sich auch Karl Prettenkamp und sein Führer Boris ein. Sie hatten ebenfalls einen guten Hirsch erlegt, allerdings mit einem saumäßigen Schuss. »Die stinkige Leber isst sowieso niemand, da ist der Schuss doch egal, Hauptsache, die Knochen habe ich«, versuchte der Schütze seinen schlechten Treffer zu rechtfertigen. Ich fühlte, wie Eugen bei der Äußerung, die jedes Mitgefühl für eine Kreatur, die Schmerzen empfinden kann, vermissen ließ, zusammenschreckte. Das hatte er von Prettenkamp gewiss auch nicht erwartet.

Beim Abendessen herrschte dann auch wieder diese unheilschwangere Spannung zwischen Meier, Hahn und Conte Tacoli, und plötzlich war Luigi verschwunden.

Nach einer Viertelstunde ging ich auf die Suche nach ihm und fand ihn schließlich hinter den Wirtschaftsgebäuden, wo sich Vitalek, über die offene Motorhaube gebeugt, an einem Auto zu schaffen machte. Nebenbei beaufsich-

tigte er das Holzfeuer, über dem in verbeulten Treibstoffkanistern die Schädel der Hirsche abgekocht wurden.
Tief in Gedanken versunken, hockte der Italiener daneben. Vor ihm ragten, durch dichten Wasserdampf nur verschwommen zu erkennen, die starken Stangen des 22-Enders aus dem Kessel. Als der Schütze merkte, dass ich neben ihm stand, er nicht mehr allein war, erhob er sich langsam. Dem lebenslustigen, nach außen stets so fröhlich, selbstbewusst und stark wirkenden Mann, standen Tränen in den Augen – es offenbarte sich mir ein völlig anderer, ein hochsensibler, verletzlicher Mensch, der mit dem Herzen jagt, nicht der kapriziöse, exzentrische, arrogante, oberflächliche Casanova mit Macho-Allüren, den ich nach den gemeinsamen Jagden zu kennen glaubte. Verschämt wendete er sich ab und wischte sich verlegen über das Gesicht.

»Ist es nicht herrlich hier? Dieses Licht, diese Weite und Stille. Je öfter ich nach Russland komme, desto weniger sehne ich mich zurück in die Ruhelosigkeit, in die materielle Unfreiheit und Verzweiflung unserer sogenannten Kultur«, unterbrach der italienische Geschäftsmann das Schweigen. Ich stimmte zu, und wir schlenderten, jeder mit seinen eigenen Gedanken beschäftigt, zum Jagdhaus zurück.

Ein Mann der Peinlichkeiten

Am Nachmittag wartete eine reich gedeckte Kaffeetafel auf uns. Bronck und Hahn schwelgten in Erinnerungen an die Jagd im vergangenen Jahr und tauschten ihre Erwartungen an die bevorstehende Drückjagd aus. Als der Conte ins Zimmer kam, griff Meier schnell das letzte Stück Kuchen auf dem Tisch und prustete mit vollem Mund: »Wer nicht kommt zur rechten Zeit, der muss sehen, was übrig bleibt! Sagte schon meine Oma.«
»Wenn der Geist Nahrung hat, mag der Körper darben«, reagierte der Italiener gelassen.
Die Spannung zwischen den beiden war fast greifbar, sie belastete die ganze Truppe. Es fiel kaum noch ein Wort. Schließlich schaute jeder verlegen vor

sich hin. Es schien, als wäre die Temperatur im Raum auf Minusgrade gesunken, nicht nur für mich, nein, für alle eine beklemmende Situation.
Da erschien Swetlana. Sie fühlte natürlich, dass in der Runde etwas nicht stimmte, und schaute traurig zu mir herüber. Mit beiden Händen, als wollte sie ein Opfer bringen, trug sie eine Platte mit einem rosinenbespickten Topfkuchen vor sich her und legte vorsichtig jedem von uns ein Stück auf den Teller.
»Wissen Sie, meine Herren, welches Lebewesen dem Menschen am nächsten steht?«, brach der Conte endlich das Schweigen. Seine Augen blitzten vor diebischer Freude.
»Der Hund, seit Tausenden von Jahren der treueste Gefährte des Menschen«, meldete sich Ortwin.
Luigi schüttelte den Kopf und schaute erwartungsvoll in die Runde.
»Die Schlange, wurde ja bereits in der Schöpfungsgeschichte erwähnt«, ging Christian Hahn die Sache philosophisch an.
Ohne die Antwort abzuwarten, brach es aus Meier heraus: »Ist doch klar, der Affe!« Wie auf Kommando stierten wir alle zu ihm hinüber.
»Das glaubst du«, erwiderte Luigi knapp, »doch ihr irrt alle.«
Sechs Augenpaare starrten auf den Italiener, der sich genüsslich mit einer winzigen Papierserviette über den Mund wischte, während er mit seinen Augen Meier fixierte. »Meine Herren, es ist«, er machte eine Pause, wendete sich Bronck zu und fuhr dann lächelnd fort, »der Bürgerliche!«
Schweigen. »Den muss ich mir merken, der ist gut!«, grölte Christian Hahn unvermittelt, obwohl er den Witz der Geschichte offensichtlich nicht wirklich begriffen hatte.
Ortwin Breccler schlug sich vor Freude mit den Handflächen auf die Oberschenkel und leerte zwei Zuckertütchen in seinen großen Becher voll Milchkaffee. Bronck grinste verschmitzt. Die Atmosphäre entspannte sich. Als Swetlana hereintrat, um uns erneut Kaffee zu servieren, war das Unbehagen, die gereizte Stimmung im Raum verflogen. Prettenkamp steckte schmunzelnd den Zeigefinger in den Mund, feuchtete ihn an, sammelte damit die Krü-

mel von seinem Teller, schob ein weiteres Stück Kuchen darauf und lachte: »Junge Frau, wie wär's mit 'nem kleinen Bier?« Swetlana schaute fragend in die Runde. »Daitje pajaluista pivo i wodka«, erklärte ich, Sweta solle Bier und Wodka bringen. Die Köchin warf mir einen dankbaren Blick zu, verließ das Zimmer, kam mit einer Pappschachtel zurück, stellte vor jeden Gast eine braune Bierflasche und sechs weitere in die Mitte des Tisches. Dann verschwand sie erneut und erschien mit zwei Pullen Nikita, einem guten Wodka, der in der Region gebrannt wird, sowie überdimensionierten Schnapsgläsern.

Prettenkamp schraubte eine Flasche auf, schenkte alle Gläser bis zum Rand voll, hob sein Glas, donnerte »Nasdorowje!« durch den Raum und stürzte den Inhalt hinunter.
»Weil Ehr wir haben eingelegt, uns draußen in Wald und Feld geregt, schmeckt uns ein guter Trunk darauf, nimm den zu dir, heb auf und sauf!«, dozierte Bronck, erhob sein Glas ebenfalls, und die anderen machten es ihm nach.
»Der Ferdinand geht mir mit seinen weisen Sprüchen ziemlich auf die Nerven«, brummte Christian Hahn. Meier nickte. »Sie hängen mir auch zum Hals raus«, prostete er seinem Gegenüber zu – Nasdorowje!«
Prettenkamp hatte sich von Swetlana eine Flasche Rotwein bringen lassen. Er degustierte den Wein mit zurückgeneigtem Kopf in bedächtigen Schlucken und pfiff mit geschlossenen Augen leise den Anfang von Gaudeamus igitur. »Vielleicht nicht die Sorte, die zu meinen Lieblingslagen avanciert, aber durchaus ein trinkbarer Tropfen«, äußerte er bescheiden in die Stille hinein, die auf das vielversprechende Plopp des herausspringenden Korkens gefolgt war.

»Mich schaudert, wenn ich sehe, wie ihr den Fusel da in euch reinschüttet.«
Eine zweite Runde Wodka folgte, und als sich die russischen Pirschführer zu uns gesellten, eine weitere Flasche Wodka geöffnet wurde, schienen sämtliche Animositäten vergessen zu sein. Der Alkoholspiegel stieg. Sprachschwierigkeiten schwanden, die »Nasdorowje!«-Rufe klangen nicht mehr so zackig.
»Hey, Luigi!«, grölte der Konsul, »wenn du sonst auch nicht viel kannst, ein paar Brocken Russisch kriegste doch wohl zusammen, bestell noch mal zwei Buddeln, alles auf meine Rechnung!« Luigi hatte den Raum aber längst verlassen. Raissa hatte sich ebenfalls verabschiedet. »Typisch Italiener, wenn die mal was tun sollen, drücken sie sich.« Schwerfällig schwankte Meier in die Küche.
Als er mit einer Flasche Wodka zurückkam, stierte Hahn ihn mit glasigem Blick an und lallte: »Hast du die Geschichte von Luigi mit dem Bürger begriffen?« Meier schüttelte den Kopf. »Idiot«, murmelte er mit tonloser Stimme. Meint er den Conte oder mich, schien Hahn zu grübeln. Dann torkelten sie zum Kamin, wo die anderen saßen, und ließen sich in die speckigen Sessel fallen.
Bronck versuchte bei den Jagdführern mehr über die bevorstehende Drückjagd zu erfahren, gab aber auf, nachdem die beiden Deutschen kein zielführendes Gespräch erlaubten, und entfernte sich. Breccler hatte sich zurückgelehnt. Das Kinn war ihm auf die Brust gesackt. Er schlief.
Umständlich kramte Hahn sein Portemonnaie aus der Brusttasche, förderte das Foto einer blonden Frau sowie zweier junger Leute in einem blühenden Garten vor einem Bungalow zutage, reichte es Sascha und beobachtete gespannt dessen Reaktion. »Jena? Gattin?«, fragte der.
»Nix Jena, Karin, meine Frau, Sven und Anja, meine Kinder, dahinter mein Haus.« Bei jedem Wort sprühten Speicheltröpfchen aus Hahns Mund, und immer, wenn er »mein« sagte, tippte er mit dem Zeigefinger auf seine Brust. »Mein Sohn studiert Jura in Göttingen, meine Tochter ...«
»Lass dein unsinniges Geschwätz«, bremste Meier, »das interessiert doch hier ohnehin niemanden.« Er verzog sein Gesicht, presste seinen Daumen

zwischen Zeige- und Mittelfinger und lallte zu Mitja: »Frauen? Du bringen Frauen, ich bezahle gut!« Dabei rieb er symbolisch Daumen und Zeigefinger aneinander. »Pinkepinke, verstehen? Money, Rubel, Dollar!«

Als Prettenkamp kopfschüttelnd die Runde verließ, war dies auch für mich das Zeichen zum Aufbruch. »Frühstück um 8.00 Uhr, Abfahrt 8.30 Uhr, meine Herren«, verabschiedete ich mich, doch die »Nasdorowje!«-Rufe und Lachsalven drangen bis in meinen Schlafraum und ließen mich nicht zur Ruhe kommen. Ich grübelte wieder und wieder über meine Kunden nach – Harmonie, Rücksicht und Freundschaft hatten sich in Misstrauen und Aggressionen gewandelt, warum nur?

Ich wusste: Meier und Lamboretti-Tacoli hatten sich in einem 4,9-Millionen-Euro-Joint-Venture an der Ausschreibung eines international tätigen Konzerns beteiligt. Es ging um die Lieferung hochwertiger Sanitäreinrichtungen für ein Krankenhauskonsortium. Das Geschäft kam nicht zustande. Fälschungen von Dokumenten, um in den Genuss staatlicher Fördermittel zu kommen, wurde gemunkelt. Den Zuschlag erhielt ein russisches Konkurrenzunternehmen, stand in der Zeitung. War der geplatzte Deal der Grund für die schlechte Stimmung? Und wusste Hahn etwa davon?

Bronck wirkte auch nicht so entspannt wie auf der ersten Reise. Lag es an dem Streit im vergangenen Jahr? Er hatte einen Hirsch mit über neun Kilogramm schwerem Geweih geschossen. Meier hatte sich wahnsinnig aufgeregt, wollte unbedingt einen noch stärkeren erlegen und hatte mir Vorwürfe gemacht, weil es ihm bis dahin nicht gelungen war. Als Bronck dann zu allem Überfluss zitierte: »Nicht das, was einer niederlegt, nur was dabei sein Herz bewegt, nur was er fühlt bei jedem Stück, das ist das wahre Jägerglück!«, war der Konsul wutschäumend aus dem Zimmer gestürmt und hatte den Rest des Tages mit niemandem mehr gesprochen.

»Ich muss ihm recht geben, Ferdinand, deine Sprüche sind wirklich nicht immer passend«, hatte Karl Prettenkamp seinen Freund Joachim in Schutz genommen. Damit war die Stimmung auch bei den anderen auf den Nullpunkt gesunken.

Am nächsten Abend hatte Meier dann doch noch einen ziemlich starken Hirsch geschossen, und die letzten Jagdtage waren harmonischer, wir trennten uns in gutem Einvernehmen. Sollte der Hirsch von Bronck das Verhältnis trotzdem noch belasten?

Wenn es auch nur selten unter meinen Gästen zu offener Feindschaft kommt, Rivalitäten gibt es in meinem Geschäft immer wieder. Jagdneid, wenn jemand eine starke Trophäe erbeutet und ein anderer leer ausgeht, gehört fast zum täglichen Brot auf meinen Reisen. Aber hier ging es offenbar auch um andere Trophäen, die für manche mehr wiegen als bloße Knochen: die rassigen Dolmetscherinnen Raissa und Maria sowie die hübsche Köchin Dunsja.

Unruhig wälzte ich mich in meinem Bett von einer Seite auf die andere, ließ in Gedanken meine Kunden sowie die letzten Tage noch einmal Revue passieren und kam erst sehr spät zur Ruhe.

Auf zur Drückjagd!

Da bis auf Graf Bronck alle Gäste einen Hirsch geschossen hatten, verlief unser erster Drückjagdtag nicht wie erhofft. Es hatte geregnet. Während der Jagd war es diesig, die Sonne schaffte es bis zum Nachmittag nicht, die tief hängende dichte Wolkendecke zu durchbrechen. Trotzdem war die Stimmung gut, als bei Fackelschein die Strecke von zwei Sauen und zwei Stück Rotwild verblasen wurde. Der Abend endete feuchtfröhlich, ohne nennenswerte Spannungen.

Am nächsten Morgen sprang einer der Geländewagen nicht an. Wir wurden mit einem Lkw, der bereits einige Jahrzehnte auf dem Buckel hatte, zu unseren Ständen gebracht. Das stinkende Ungeheuer hinterließ mit seinen gewaltigen Schneeketten aus unterarmdicken Stahltrossen tiefe bleibende Spuren in der aufgeweichten Bodennarbe. »Was sich Mutter Erde doch alles von uns Menschen gefallen lassen muss ...«, murmelte ich leise vor mich hin. Aber die Bodenverwundung hat auch ihr Gutes. Allerlei Samen finden Nährboden, im kommenden Frühjahr werden Pflänzchen und Pflanzen in den breiten Fahrspuren gedeihen, schließlich wird auch hier irgendwann einmal wieder Wald stehen. Ich sah es an den Schneisen in der Nähe, die von dem gewaltigen stählernen Ungetüm in den Wald gebrochen worden waren.

Bis ich angestellt war, verging viel Zeit, und nachdem endlich alle ihre Stände bezogen hatten, das eigentliche Drücken begonnen hatte, bemühten sich die Jagdhelfer nach besten Kräften. Doch das Wild ließ sich nur schwer auf die Läufe bringen und aus den Einständen drücken.

Ich stand am Rand einer mit Birkenanflug bestandenen Windwurffläche. In Brusthöhe waren Bäume und Büsche verbissen, nahezu glatt rasiert, als wäre eine Maschine am Werk gewesen. Elchwild. Überall hatte es Spuren hinterlassen, gewaltige Schäl- und Fegestellen, Fährten und Losung. Auch anderes Wild gab es hier im Überfluss, wie Spuren, Fährten und Geläufe bewiesen. Ein Paradies, von keines Menschen Hand geschunden und entweiht, Natur, von keinerlei Technik vergewaltigt. Ich glaubte die Schöpfung noch atmen, nicht, wie in Europa, stöhnen zu hören. Wild wird hier noch geduldet. Keine Aufregung wegen verfegter oder zerschlagener Bäume, verbissener Triebe oder Knospen.

An meinem Stand ließ sich während des ersten Treibens kein Wild blicken. Im zweiten Treiben schienen dann Kolkraben die einzigen Lebewesen in der Umgebung zu sein. Begleitet von ihren melodischen Rufen zogen sie über mir am trüben Himmel ihre Kreise. Einmal glaubte ich zwei Schüsse gehört zu haben. In der schweigenden Endlosigkeit des Waldes konnte ich aber nicht orten, in welcher Richtung sie gefallen waren. Einer von uns hatte hoffentlich Waidmannsheil gehabt, hoffte ich.

Unerwartet springt Diva zur Tür und drängt nach draußen. Irgendetwas hat sie beunruhigt. Vielleicht schleicht eine Katze um die Hütte. Ich springe jedenfalls auf, lasse die Hündin hinaus, sie verschwindet in der Dunkelheit und gibt kurz darauf neben dem Feuerholzhaufen Laut. Offenbar hat sich ein Marder oder Iltis darin verklüftet. Ich habe Mühe, die Hündin zu beruhigen und in die Hütte zu locken.

Georg hat zwischenzeitlich für frische Getränke gesorgt – das Manuskript liegt vor ihm auf dem Tisch – und offenbar ist er kurz eingedöst. Jedenfalls zuckt er zusammen, als ich wieder hereinkomme, ihm meine Vermutung schildere und von einer Begegnung aus dem letzten Jahr erzähle, als einer meiner Mitpächter einen Iltis geschossen hat. Der Ratz war auf die Töne des Buttolo-Blatters zugestanden. Stolz kam der Mann nach dem Ansitz zum Treffpunkt zurück und präsentierte seine Beute. »Was ist das für ein Tier?«, erkundigte sich ein Mitjäger, und der Schütze gestand: »Habe ich vorher auch noch nie gesehen, vielleicht ein Enok.« »Marderhunde sind, glaube ich, größer«, mischte sich ein anderer »Herr über Leben und Tod« ein.

»Dem Kopf nach ein Waschbär, bin mir aber nicht sicher, was meinst du?«, wandte man sich ratlos an mich.

»Es ist ein Iltis«, konnte ich die Frage beantworten. »Warum haben Sie ihn getötet?«, forschte ich nach. Meine Frage nach dem »Warum?« beantwortete der Schütze lediglich mit einem kurzen Schulterzucken.

»Es gibt Situationen, Georg, da schäme ich mich, einer Gilde von Männern anzugehören, die sich Jäger nennt. Die Ausbildung wird immer theoretischer, für die Praxis wird die Zeit immer knapper. Ich erzählte dir ja bereits von meinem Jungjägerprojekt in Schottland, das völlig in die Hose ging«, schließe ich meine Ausführungen.

»Das liegt nicht am Nachwuchs, das liegt an uns alten Säcken. Diana hat uns verlassen, und Hubertus schmort in der Hölle«, kommentiert Georg meinen Exkurs und erzählt dann weiter:

»Breccler war ja im vergangenen Jahr mit in Gagarin, so richtig einschätzen konnte ich ihn aber immer noch nicht. Ich habe versucht, mich in seine Situation hineinzuversetzen, malte mir in allen Einzelheiten aus, wie er sich auf seinem Sitz verhielt und was er dachte. Hier muss ich an meinem Manuskript noch etwas ändern. Ich lese einfach mal weiter, vielleicht kannst du mir hier einen Rat geben«, fährt er ohne Umschweife fort und nimmt das Manuskript zur Hand, um weiter daraus vorzulesen:

Schatten der Vergangenheit

Breccler verharrte im zweiten Treiben auf einer stabilen Leiter. Die Stimmung, das Umfeld erinnerte ihn an einen Jagdtag im letzten Jahr. Eigentlich war er ein realistischer Mensch, stand mit beiden Beinen fest auf dem Boden, aber hier und heute war das plötzlich alles anders. Seine Gedanken wanderten zurück, zurück zu dem dunklen Punkt in seinem Jägerleben. Da wartete er nämlich mit Alexander auf einem ähnlich vielversprechenden Stand, und ihm war nun, als hätte er das, was vor ihm lag, schon einmal erlebt. Ja, es war wie ein Déjà-vu: Der Blick auf die lange Freifläche, die sich als grasbewachsene breite Schneise vor ihm dahinzog, das dichte Gebüsch, das sie umsäumte, und sogar das Gezwitscher der Vögel erinnerten an jenen Tag, als er den verhängnisvollen Schuss abgefeuert hatte. Damals hatte er sich geschworen, nie wieder nach Russland zu fahren.

Leises Brechen riss ihn plötzlich aus seiner Grübelei. Träumte er – oder war alles Wirklichkeit? Für einen Augenblick verstummten die Vögel, und dann hörte er es ganz deutlich: Links von ihm raschelte es, keine 50 Gänge entfernt. Ein Häher drückte sich im Gezweig der Baumkronen unauffällig davon. Wie ein Dieb, der ein schlechtes Gewissen hat, flatterte er leise und geschickt, jede Deckung ausnutzend, fort.

Nervös schaute Breccler in die Runde. Nur seine Augen bewegten sich, von links nach rechts, von rechts nach links. Er zwang sich, alles andere am Körper ruhig zu halten. Gedanken und Hoffnungen spielten ein trügerisches Spiel mit ihm. Unsicher drehte er sich schließlich um und hob das leichte Pirschglas vor die Augen. Die Blicke des Jägers versuchten das Unterholz zu durchdringen, wanderten erneut unruhig nach rechts, nach links und wieder zurück. Vergeblich, der Wald gab sein Geheimnis nicht preis. Allmählich entspannte sich sein Körper wieder, doch nur kurz. Wieder feines, kaum wahrnehmbares Knacken, aber doch laut genug, um die Augen des Wartenden noch einmal an die Buschkulisse zu zwingen.

Als sich erneut unheimliche Ruhe über den Wald legte, die Stille mit Macht an seinen Nerven zehrte, ließ er das Glas sinken und lauschte angestrengt. Ein Trupp Meisen schwirrte vorüber. Ihr dünnes Gezirpe ließ die Einsamkeit des Waldes noch intensiver erscheinen. Der markante Ruf mehrerer Kreuzschnäbel hallte von rechts an sein Ohr. Dann wieder herrschte ringsum seltsames, beklemmendes Schweigen, als wartete der Wald auf die Lösung irgendeines Geheimnisses.

Wenige Atemzüge später nahm Breccler erneut das Glas hoch. Zweige hatten sich vor ihm fast unmerklich bewegt. Und dann – er wollte seinen Augen kaum trauen – griff er wie in Trance zu seiner auf der Brüstung liegenden Büchse, ging in Anschlag. Langsam wanderte die Mündung in die Richtung, aus der es wieder verhalten brach. Stand da ein Elch? Ein gut veranlagter, junger Elch?

Georg drückt seine Zigarette aus, nimmt einen tiefen Schluck aus seiner Bierflasche und blickt mich fragend an. »Die Passage muss ich wohl noch umschreiben«, brummt er und fährt unversehens fort, da ich ihm nicht direkt antworte. »Auch von Hahn habe ich mir ja ein ziemlich gutes Bild gemacht, eitel, ehrgeizig und, wie die Engländer sagen, ›trigger-happy‹. Ich stellte mir haargenau vor, wie er auf seinem bequemen Drückjagdbock wartete, grübelte und hoffte. Die Passage muss ich aber auch noch irgendwie ändern, oder was meinst du? Sag es ehrlich!« Ich nicke nur, schweige, bin gespannt auf die Fortsetzung seines Skriptes. Zögernd liest er weiter:

Jäger und Gejagter

Gespannt prüfte Hahn sein Umfeld, sah sich nach allen Seiten um, löste den Riemen von seiner Büchse, repetierte leise eine Patrone in den Lauf, platzierte eine Thermoskanne und ein Päckchen mit geschmierten Broten vor sich auf die schmale Brüstung, kramte seine Ohrschützer aus dem Rucksack, setzte sie auf den Kopf und machte erst im Stehen und dann im Sitzen einige Anschlagübungen. Schließlich lehnte er sich zurück und dachte nach. In der Ferne fielen zwei Schüsse. »Verdammt, das muss einer von uns gewesen sein«, schreckte er hoch. »Hoffentlich schieße ich diesmal mehr als der verdammte Luigi. Aber was soll ich machen, wenn nichts kommt oder ich vorbeidonnere? Ich könnte ja behaupten, die anderen haben alle vorbeigesengt, kann ja niemand zu Hause nachprüfen. Was soll ich aber erzählen, wenn ich nichts kriege? Was werden meine Freunde denken, wenn ich als Schneider zurückkomme? Auf jeden Fall darf keiner erfahren, dass Luigi so einen dicken Klopper auf die Seite gelegt hat. Sein italienischer Partner beschäftigte Hahn so sehr, dass er eine Rotte Sauen, die nur 40 Meter entfernt durch das Schilf wechselte, erst bemerkte, als es zu spät war, die Schweine wieder zu weit waren und er nicht mehr schießen konnte. Wütend glotzte er ihnen hinterher und grübelte weiter nach über Fragen seiner Jagdkumpel nach seiner Heimkehr und seine möglichen Antworten darauf.

Am späten Nachmittag lagen dann fünf Sauen, zwei Rottiere und ein Kalb vor dem Jagdhaus zur Strecke. »Ein wunderschöner Tag und immerhin eine Verdoppelung von gestern«, freute sich Prettenkamp, woraufhin Breccler schimpfte: »Verdammt langweilig, wenn man im Wald hockt und nichts sieht! Ein teures Vergnügen. Dafür muss ich nicht nach Russland fahren. Nix sehen und nix schießen kann ich auch zu Hause!«
Hahn kniff die Lippen zusammen, wahrscheinlich dachte er immer noch darüber nach, wie er sich zu Hause rechtfertigen könnte, falls er nichts mehr zur Strecke brächte. Aber er hatte ja wenigstens den Hirsch.

Die Jagd und der Wandel

Vor dem Abendessen bummelte ich mit Ferdinand von Bronck und Luigi noch einmal zu den abgekochten Geweihen. Nachdenklich starrten wir auf die Schädel der fünf Hirsche, die zum Trocknen und Bleichen auf zerschlissenen Jutesäcken am Boden lagen. Luigis Hirsch war bei Weitem der imposanteste. »Jagd lehrt Demut. So einen wirst du in deinem Leben nicht noch mal schießen«, unterbrach Bronck das lange Schweigen und versuchte mit einer Hand die Stangen des 22-Enders über den Rosen zu umfassen. »Mindestens 25 Zentimeter«, nickte er, als wollte er seine Aussage bestätigen.
»Gewiss nicht«, flüsterte Luigi, »ich habe auch kein Verlangen danach. Dieser Hirsch reicht für ein ganzes Leben.«
Sollte ich mich in Bronck getäuscht haben? Seine guten Vorsätze waren allem Anschein nach vergessen, als er das schwere Geweih wieder auf den Boden legte. »Ich will doch versuchen, auch noch so einen Recken zu erlegen. So ein Hirsch war immer mein Lebenstraum, und meine Frau hat mich vor der Reise darin bestärkt, mir diesen Traum doch zu erfüllen.« Als wollte er sich rechtfertigen, fügte er an: »Eigentlich mache ich mir ja nichts aus starken Trophäen.« Seine anfängliche Zurückhaltung war offenbar nicht ehrlich. Er unterschied sich in seiner Gier nach Trophäen kaum von den anderen Jägern der Gruppe. Es ging auch ihm mehr ums Schießen als ums Jagen. Seine Sprüche klangen auf einmal nicht mehr so überzeugend.

Letztendlich schoss er doch keinen Hirsch mehr. »Wenn schon, dann muss es was Vernünftiges sein«, begründete er drei erfolglose Ansitze. Er hatte zwei Kapitale vor, aber sie waren ihm nicht vernünftig genug.

Jagen, ein Hobby?

Als wir beim Abendbrot saßen, war die Stimmung gedämpft. Es wurde wenig gesprochen, und nachdem wir uns müde vorm Kamin versammelten, hing jeder seinen Gedanken nach. Die ominösen Schüsse hatten zwar fast alle gehört, aber angeblich keiner von uns hatte sie abgegeben. Ich fühlte, einer misstraute dem anderen.

Die Helden waren müde, doch keiner machte Anstalten, sich zur Nachtruhe zurückzuziehen. Jeder schien zu fürchten, er könne etwas versäumen oder die anderen würden gehässig über ihn reden, sobald er den Raum verlassen hätte.

Jagd ist nicht alles – Schießen auch nicht

Karl Prettenkamp, der sich nach dem Essen mit einem zufriedenen Seufzer als Erster vor dem Feuer in den Sessel fallen gelassen hatte, beobachtete das unruhige Spiel von Licht und Schatten. Seine Beine lang ausgestreckt, rieb er sich die Hände, hielt sie vor die wärmende Glut und unterbrach endlich das drückende Schweigen: »Wer nur redet, bringt sich um das große Vergnügen zu schweigen.«

Niemand reagierte, und er fuhr fort: »Jagen ist doch das perfekte Hobby.«

»Na, na, lieber Karl, da muss ich widersprechen. Jagd ist eine verantwortungsvolle, regulierende und kulturelle Aufgabe. Ein Hobby übt man zum Zeitvertreib aus«, wendete Graf Bronck ein, blickte auf die Asche seiner Zigarre und dann dem Rauch nach, der sich nach einem Moment im Nichts auflöste.

»Der Ausdruck Hobbyjäger als Gegenbegriff zum Berufsjäger impliziert, die Jagd wird von uns nicht professionell, sondern als Hobby ausgeübt. Ich fühle mich aber doch auch nicht als Hobbyautofahrer oder Hobbychrist, nur weil ich nicht Berufskraftfahrer oder Pastor bin. Eines steht fest: Ich kam oft mit leeren Händen, doch nie mit leerem Herzen von der Jagd zurück. Mir geht die Hege über alles.«

Mit pathetischer Stimme zitierte er Eugen Wyler: »Nicht der Geweihe Wucht und Stärke, nicht der Stangen Maß, Gewaff und Wehr, das Drum und Dran am Waidgewerke bringt dem Jägersmann die Ehr.«

»Totaler Blödsinn!«, brauste Meier auf. Sein Gesicht lief rot an, und seine Mundwinkel verzogen sich zu einem höhnischen Grinsen. »Ich versteh sowieso nicht, warum ihr so'n Kroppzeug wie Spießer oder Gabler umlegt. Da hätte ich keinen Spaß dran. Ich leiste mir doch lieber hier in Russland ein paar vernünftige Hirsche, dann sehen meine Freunde auch, dass ich gut bin. Ihr wollt mir doch nicht erzählen, dass ihr zum Hegen hierhergekommen seid?!«, grinste er abfällig und schüttelte den Kopf.

»Ich gehe zur Jagd, um ordentlich was zu schießen. Ein herrliches Gefühl, wenn du nach Hause kommst und dir eine starke Trophäe erarbeitet hast, besonders, wenn sie stärker ist als die der Mitjäger. Das ist wie im Geschäftsleben oder wie im Krieg, wenn du einen Konkurrenten fertigmachst, weil du besser bist. Die Schwachen gehen vor die Hunde. Prost!«

Immer wieder Krieg

Bestürztes Schweigen, bis Bronck sich räusperte. »Ob im Krieg wirklich immer der Beste siegt? Joachim, du hast noch keinen Krieg miterlebt, du solltest deine Aussage noch mal überdenken.«

Ortwin Breccler sah Meier mit regungsloser Miene an. »Mein Gott, Joachim, natürlich ist Jagd mit Töten verbunden, aber aus dem Recht zu jagen ergibt sich die Pflicht zu hegen. Die größte Zeit verbringen wir doch mit Hege, Revierarbeiten, Beobachten und so vielem mehr. Das Töten nimmt doch nur wenige Momente in unserem Jägerleben ein. Es ist auch nicht die Trophäe, deretwegen wir in erster Linie jagen. Nein, mein Lieber, du verwechselst Jagen mit Totschießen, die neue Jägergeneration nennt es Wildbewirtschaftung oder neudeutsch Wildtiermanagement«, ergänzte er gereizt sein Plädoyer.

»Es ist doch ein großer Unterschied, ob ich die Entwicklung eines Hirsches über Jahre im eigenen Revier verfolge, ihn heranhege, um ihn, wenn er reif ist, der Wildbahn zu entnehmen, oder ob ich den Abschuss eines Hirsches kaufe, den ich vorher nie gesehen habe, zu dem ich auch keine Beziehung aufbauen konnte.« – »Jagen ist ein Handwerk, eine Kunst, Kunst kommt von Können, das muss man lernen, wie jedes Handwerk. Darin unterscheiden wir uns von den Proleten, die rausgehen, um möglichst schnell möglichst viel zu schießen, und dann mit zweifelhaften Erfolgen protzen. Wer viel schießt, ist nicht unbedingt ein erfahrener Jäger.«

Ich schweige, denke mir meinen Teil. Auf meinen Safaris haben meine Gäste mehr Wild erlegt als ich. Stil ist eine Frage der Haltung, die kann man nicht kaufen wie Autos, Immobilien oder Mode, Stil hat man – oder man hat ihn nicht.

Kill for Cash

Nachdenklich sieht Georg von seinem Manuskript auf. Als er merkt, dass er nichts mehr zu trinken hat, streichelt er den Hund, und ich sorge für Nachschub.

»Vielen Dank!«, prostet er mir zu und erzählt dann, das Skript hat er auf den Tisch gelegt, weiter: »Als Ortwin Breccler in Russland so engagiert redete, musste ich an eine Elchjagd mit ihm denken. Damals in Schweden hatte er seine Jagderfahrung und seine ›edle, waidmännische Gesinnung‹ auch betont. Auf dieser Jagd fragte er mich doch tatsächlich, ob Elchkühe Hörner hätten. ›Nein, Elchtiere tragen keinen Kopfschmuck‹, antwortete ich. ›Aber Grandeln ham se, oder?‹ Als ich verneinte, kam die nächste Frage: ›Warum schießt man die denn überhaupt?‹ Seitdem habe ich zu Brecclers jagdlicher Ausbildung ein etwas gespaltenes Verhältnis.

Er hatte damals übrigens nichts geschossen. Am letzten Jagdtag zeigte er auf ein Elchgeweih über der Eingangstür unserer Jagdhütte und fragte, ob es verkäuflich wäre. Nach kurzer Rücksprache mit dem Jagdherrn wechselte der ›Fahrradlenker‹ seinen Besitzer. Dass es, nachdem es viele Jahre lang Wind und Wetter getrotzt hatte, verwittert und von einer Moosschicht bedeckt war, störte unseren guten Ortwin ebenso wenig wie die Rostspuren der Schrauben, mit denen es der Erleger vor langer Zeit auf dem Brett befestigt hatte. Lieblos wurden sie aus dem Schädel gerissen. ›Wird schon keiner merken‹, strahlte der Moralapostel aus Deutschland zufrieden über ›seine Trophäe‹, und der schwedische Jagdherr freute sich über einen beträchtlichen Geldbetrag.«

»Erbärmlich«, entfährt es mir. Georg geht nicht darauf ein, nimmt das Manuskript vom Tisch und liest weiter vor über die abendliche Runde, die sich damals im Jagdhaus in Gagarin vor dem Kamin versammelt hatte:

Jagen ist mehr als Schießen

»Ich würde mich nie auf einen Jagdführer verlassen«, beteiligte sich nun auch der Conte an unseren Gesprächen. »Jagd bedeutet körperlichen Einsatz, Entwicklung von Strategien, das Überlisten der Sinne des Wildes ohne technischen Firlefanz wie isolierte Kanzeln mit reich beschickten Kirrungen davor, Weitschussgewehren, Wärmebildkameras und Nachtsichtgeräten. Man darf doch nicht die Handicaps abschaffen, die den Sport ausmachen.

Einen abstreichenden oder aufstehenden Fasan mit einer 12er-Flinte schießen kann jeder, einen turmhohen Überkopfhahn mit einer 20er zu treffen, das ist Kunst. Dann spielt es auch keine Rolle, ob die Vögel aus einer Voliere kommen oder wild sind.« Der Nachsatz stimmte mich nachdenklich. Ich hatte Luigi, dessen Redefluss kaum zu bremsen war, anders eingeschätzt. Er redete unbeirrt weiter: »Ich würde nie von einer Kanzel aus auf eine verhoffende Sau schießen. Meine Herren, das ist kein Kunststück, das kann doch jeder, das ist Mord, kein Sport. Jagd muss ein fairer Wettstreit bleiben, im eigenen Revier und auch auf einer gekauften Jagdreise. Man muss auch mal Strapazen auf sich nehmen, durch den Dreck robben, sich seine Beute erarbeiten, das ist Waidwerk!«

Meier trommelte unruhig mit den Fingern der rechten Hand auf sein Knie, schüttelte energisch den Kopf, und schließlich brach es wütend aus ihm heraus: »Alles dummes Geschwätz, Jungs, ihr verwechselt die Arche Noahs mit dem Arsche Noahs!«

Verächtlich polterte er weiter: »Ich bin nun mal nicht so schnell wie ein Reh, so stark wie ein Bär, kann nicht so gut sehen wie ein Adler. Ich muss Technik nutzen, um das Wild zu übertölpeln. Hab dabei auch kein schlechtes Gewissen. Sport hin, Sport her, den brauche ich auf der Jagd aber wirklich nicht, und warum soll ich mich stundenlang mit meiner Flinte über die Felder quälen, um am Abend des Tages vielleicht zwei Hasen oder Fasanen im Sack zu haben? Das ist nichts für mich. Da mache ich lieber eine vernünftige Jagdreise, kaufe 'ne Veranstaltung, auf der 150 Kreaturen Tagesstrecke garantiert werden, und lasse einen Flintenspanner meine Waffe tragen. Ihr solltet in einem Priesterseminar oder als Pfleger in einer Katzenklinik arbeiten«, redete er sich immer mehr in Rage und leerte sein Wodkaglas in einem Zug.

Über Meiers vulgäre Ausdrucksweise mokierte sich inzwischen niemand mehr von uns, viel schlimmer war, dass der Mann einfach unbelehrbar war. Mit ihm ein vernünftiges Gespräch zu führen war schlicht unmöglich.

Er unterhält sich nicht, er monologisiert, überlegte ich. Seine Fragen zeigen kein wahres Interesse an der Jagd. Sie sind Provokation, oder er beantwortet sie direkt selbst. Wir sind für ihn keine Gesprächspartner, lediglich Publikum.

»Alles Bullshit!«, warf Christian Hahn ungehalten ein. »Natürlich schieße ich lieber 100 als 10 Fasanen und folge eher einer Einladung, bei der ich die Chance habe, fünf Sauen umzulegen, als einer, bei der vielleicht die Gesamtstrecke aus nur fünf besteht. Da ist mir das Drumherum doch ziemlich wurscht, es geht ums Streckemachen, um nichts anderes. Brauchtum und so'n Brimborium brauche ich nicht, bei mir muss es nur ordentlich knallen.«

»Ihr mit eurem Gequatsche«, ertönte der ungehaltene Einwand von Karl Prettenkamp. Gespannt warteten wir, was er zu sagen hatte.

Bedächtig hob er sein Rotweinglas, als wollte er uns zuprosten, stellte es wieder zurück, ohne zu trinken, fuhr sich mit den Fingern der rechten Hand durch sein weißes Haar, holte tief Luft und hob an: »Macht es doch nicht so kompliziert. Jagd ist ein gesunder Zeitvertreib. Es macht doch auch Spaß, einfach nur draußen an der frischen Luft zu sein, ob zu Hause oder auf einer Safari, weg vom verdammten Alltag oder von der nicht mehr so attraktiven Ehefrau. Und außerdem ist Jagd die tierschutzgerechteste Nutzung von Tieren, die mit Töten verbunden ist. Vergleicht man sie mit dem jämmerlichen Dahinvegetieren der Millionen Kreaturen in Massentierhaltungen in engen Käfigen und Ställen – für eine Kulturnation eine einzige Schande –, ist jedes Kilogramm Wildfleisch ein Gewinn im Hinblick auf industrielle Fleischerzeugung. Weihnachten ohne Wildbraten ist wie Heiligabend ohne Tannenbaum. Wildfleisch ohne Hormone und Antibiotika, mit denen unsere armen Nutztiere vollgestopft werden, ist eine Delikatesse, basta!« Der Landwirt aus Westfalen sprach viel selbstsicherer und überzeugender als sonst, wir lauschten ihm gebannt, ohne ihn zu unterbrechen.

»Er hat einmal gesagt, er würde alles Wild, das er erlegt, selbst aufbrechen«, flüsterte Hahn.

»So blöd möcht' ich auch mal sein«, kommentierte Breccler kopfschüttelnd.

Trophäenplaudereien

Georg wechselt problemlos zurück in die Gegenwart unserer Hütte und schmunzelt: »Ich stimme Prettenkamp übrigens zu, ich bin auch Trophäenjäger. Ich schieße lieber einen kapitalen Zwölfer als einen schwachen Sechser, aber glaube mir, es würden weniger starke Trophäen heranwachsen, wenn Jäger sie nicht entsprechend hegten. Trophäenschauen heißen heute ja Hegeschauen. Manche Jäger legen keinen Wert auf Trophäen, aber sie sind Indikatoren einer nachhaltigen Altersklassenverteilung und geben dir Aufschluss über den Gesundheitszustand deiner Wildbestände. Wohl organisierte Rotwildhege in guter Tradition ist ökologisch sinnvoll und hat sich bewährt. Das wussten schon unsere Alten, und Wissenschaftler haben es bestätigt.

Trophäenjäger töten nicht wahllos, sie selektieren im Gegensatz zur Reduktionsjagd, bei der oft der Kahlwildanteil sehr gering ist, aber reichlich Zukunftshirsche auf der Strecke liegen.

An der Außenwand meines Kinderzimmers hing übrigens das Geweih eines starken Rothirsches, den mein Vater als Forstassessor auf Einladung von Oberstjägermeister Ulrich Scherping geschossen hatte. Vielleicht hat mich das im Unterbewusstsein beeinflusst«, erklärt Georg, erhebt sich, geht nach draußen, und Diva folgt ihm. Wohltuend strömt frische Luft in den verrauchten Raum.

Als die beiden wieder zurück sind, geht der Freund auf meine Bitte hin noch einmal auf seine Sicht über Trophäenjäger ein: »Fleischjäger kann ich entwicklungsgeschichtlich nachvollziehen. Am Anfang der Jagd stand schließlich Hunger. Es musste gejagt werden, um zu überleben, um den Magen zu füllen. Aber Schießen ohne Ansehen der Person, alles erschießen, was einem über den Weg läuft, um in möglichst kurzer Zeit viel Fleisch zu ›machen‹, das ist keine nennenswerte Herausforderung, jedenfalls nicht für einen ehrgeizigen, sportlichen Waidmann. Ich glaube, fanatische Fleischjäger sind der Untergang waidgerechter Jagdausübung. Ein Trophäenjäger erlegt nur das eine, das besondere, auserwählte Stück, auf das sich seine Ambitionen fokussiert haben. Für kein anderes hat er Augen und Ohren. Ein bestimmtes Tier zu verfolgen, tagelang, wochenlang, monatelang, bis er es schließlich überlistet, viele andere Tiere in dieser Zeit unbeschadet laufen lässt, das unterscheidet den disziplinierten Trophäenjäger vom archaischen Fleischjäger. Natürlich bin ich auch Fleischjäger. Trophäenjagd ist letztendlich ebenfalls Fleischjagd, nur eben kultivierter, es ist Jagd ›unter erschwerten Bedingungen‹. Damit ist alles gesagt.

Ich finde es bedenklich, dass mitunter ein gebleichter Schädel mit einem starken Geweih mehr wert ist als 120 Kilogramm Wildbret, die einer ganzen Familie helfen, einen harten Winter oder etwa auf dem afrikanischen Kontinent eine Hungersnot zu überstehen. Einem Tierschützer ist das nicht zu vermitteln. Ebenso wenig, dass ein Fasan als lebendes Zielobjekt mit mehr Profit an begeisterte Flugwildschützen verkauft werden kann als ein toter Fasan auf dem Wochenmarkt, von dem zwei Menschen satt werden.

Jagd, auch Trophäenjagd, der Verkauf von Abschusslizenzen, ist, wie Forstwirtschaft, Ackerbau, Viehzucht, Imkerei, eine legitime Form der Bodennutzung, die weltweit Arbeitsplätze schafft und ohne die viele Grundbesitzer nicht überlebten.

Ich muss auf meinen Jagdreisen solche wahrlich nicht immer erfreulichen Gespräche des Öfteren führen. Die ethische Einstellung meiner Gäste zum Wild und ihre moralischen Ansprüche, den sie zu Beginn einer Safari hatten, schrumpfen nämlich häufig spürbar mit jedem Tag, an dem sie nichts erlegen, aber auch mit der Aussicht auf höhere Geweihgewichte bzw. Punktzahlen bei der Trophäenbewertung. Manche Jäger sind schon zufrieden, wenn sie nach einer Safari eine Trophäe vorweisen können. Wie sie in deren Besitz gelangt ist? Darüber schweigt des Jägers Höflichkeit.

Für mich ist der ein wahrer Jäger, der, egal, ob er nach Wildbret oder Trophäen schielt, die Jagd mit den Augen eines Naturliebhabers und Tierfreundes in ihrer Gesamtheit, nicht allein durch das eingeschränkte Blickfeld des Zielfernrohrs sieht.

Waidwerk darf nicht zum gesellschaftlichen Event oder zu einer amüsanten Schießveranstaltung verkommen. Es bedeutet Hege und Pflege des Wildes mit all ihren Schwierigkeiten, Strapazen, zeitlichen Opfern, körperlichem Einsatz, und es verlangt immense Erfahrung.

Einen Wildbraten kann ich schließlich auch beim Wildhändler, eine Trophäe als dekorativen Wandschmuck in einem Designerladen kaufen. Kurz ins Revier fahren, ein x-beliebiges Leben auslöschen, nur um in der Küche meine gustatorischen Gelüste auszuleben oder mein Heim ›mit fremden Federn‹ zu schmücken, entspricht nicht meiner Auffassung von jagdlicher Moral und Ethik.«

Georgs Blick richtet sich auf die allmählich kleiner werdenden Flammen des Feuers, und wir beide fühlen die stille Übereinkunft unserer Empfindungen.

Das Feuer braucht neue Nahrung. Ich werfe zwei Holzscheite in die Glut und öffne noch einmal die Tür, damit der Hund hinauskann.

Georg zündet sich eine Zigarette an, stellt seine Bierflasche neben sich auf den Fußboden und starrt zur Decke. Als ich mich wieder hinsetze, Diva entspannt auf der Sauschwarte liegt, wendet er sich mir nachdenklich zu. »Ich bin ja auf dem Land groß geworden, in einer anderen Welt, in einer Zeit, in der zwar nicht mehr ausschließlich gejagt wurde, um zu überleben, Jagen, die älteste Form der Naturnutzung jedoch eine Selbstverständlichkeit für die Landbevölkerung war. Das ist längst Vergangenheit. Ich habe das Gefühl, in einem anderen Leben dahinzuvegetieren. Ich mag ja ein ewig Gestriger sein, aber muss ich wirklich dem unkritischen Zeitgeist und jedem seiner Auswüchse hinterherlaufen?«

Ich nicke beifällig mit dem Kopf, und ziemlich wehmütig schwärmen wir hiernach von Zeiten, in denen wir jagdlich aus dem Vollen schöpfen konnten, erinnern uns gemeinsam an das Ausneuen von Mardern, den Hasenauslauf, Krähenjagden mit dem Auf, erfolgreiche Kaninchenstrecken mit dem Frettchen, kleine Streifen auf Hasen oder Fasanen, Feldsuchen auf Hühner mit unseren Hunden, das Anspringen des balzenden Taubers und an stimmungsvolle Abende auf dem Schnepfenstrich. Alles Jagdfreuden, die in Vergessenheit geraten sind – tempi passati ...

Georg hebt sein Glas und prostet mir zu: »Auf die Jagd, wie wir sie in unserer Jugend noch erleben durften, und auf das, was von ihr übrig geblieben ist.«

»Nun lass uns mal nicht sentimental werden, lies lieber weiter«, dränge ich meinen Freund, und er fährt tatsächlich fort:

Meier war noch immer ziemlich erregt, zerrte an seinem Kragen, öffnete den obersten Knopf seines Hemdes und drängte Hahn, eine weitere Flasche Nikita zu holen. »Auf meine Kosten!«, lallte er. Devot sprang Hahn auf und kam mit zwei Flaschen aus der Küche zurück. »Die werden wir schon noch schaffen«, strahlte er.

Die Diskussion über die Motivation zum Jagen wurde hitziger, aggressiver. Der Alkohol löste die Zungen, nicht aber die Probleme.

Prettenkamp quälte sich schließlich mühselig aus seinem Sessel hoch, murmelte vor sich hin: »Alles Bullshit«, schwankte, so wie die Schatten der starken Geweihe an der Wand, zur Tür, drehte sich um, als wollte er abschließend noch etwas sagen, verließ dann aber wortlos das Zimmer.

Das Küchenpersonal schlief längst. Auch die Jagdhelfer hatten sich müde zurückgezogen.

Sollten die anderen Gäste sich amüsieren, weiter trinken, weiter diskutieren, sich weiter anschreien, ich ging auch zu Bett, um am nächsten Morgen frisch zu sein. Die anderen trennten sich erst weit nach Mitternacht.

Entzweit statt vereint

Nach dieser kurzen Passage unterbricht Georg sich selbst, beobachtet schweigend die über die Wände spukenden Schatten des lodernden Kaminfeuers und resümiert schließlich zu mir gewandt: »Ich habe viele Gäste begleitet. Erfahrene Jäger, verbissene Anfänger, junge Dachse und alte Hasen, passionierte Männer, die sich ihren Lebenstraum von einem starken Hirsch erfüllten, einfache Leute und wohlhabende Akademiker, die bereits mehrere Jagdreisen gebucht hatten. Und da waren auch andere, die für die Safari als Höhepunkt in ihrem Jägerleben lange sparen mussten.« Georg hält erneut inne, zündet sich mit einem glühenden Holzspan aus dem Kamin eine Zigarette an und fährt dann fort: »Es gab Jagdneid und Spannungen, Geplänkel, Eifersüchteleien wegen des weiblichen Personals, auch unterschwellige Abneigungen aufgrund unterschiedlicher Herkunft oder Stellung im Leben, aber im Großen und Ganzen verliefen die Reisen erträglich.

Ich dachte, diese Gruppe wäre brüderlich vereint, ein Herz und eine Seele in der gemeinsamen Passion. Auf der ersten gemeinsamen Unternehmung in Gagarin hatten Bronck und Prettenkamp ja sogar von einer ›eingeschworenen Jagdgemeinschaft‹ gesprochen. Wie doch der Schein der Harmonie trügen kann! Unterschiedlicher hätten die Ansichten meiner sechs Gäste, mit denen ich nun das zweite Mal in Russland war, über das Jagen kaum sein können. Sie waren, was ihre Motivation und Haltung zum Waidwerk betraf, alles andere als brüderlich vereint. Eintracht und Freundlichkeit, wie auf der ersten Reise vorherrschend, waren in Misstrauen umgeschlagen. Ich fühlte, nein, es war ganz offensichtlich: Statt vereint waren sie – entzweit. Ich lese mal weiter ...« Sein Blick wandert zurück zum Manuskript, und er fährt fort:

Die Sonne kämpfte sich auch an unserem dritten Drückjagdtag nur mühselig durch die Wolken. Der Wald rund um das Jagdhaus, der am frühen Morgen düster wirkte, erschien aber dennoch allmählich heller und freundlicher. Ideales Drückjagdwetter: trocken, windstill, kalt. Übernächtigt trafen wir uns am Frühstückstisch, nur Luigi erschien nicht. »Der Kerl kriegt natürlich seinen Hintern wieder mal nicht aus der warmen Flohkiste«, schnaufte Meier entrüstet. Im selben Moment trat der Italiener durch die Tür. »Ich war noch einmal bei meinem Hirsch«, flüsterte er mir zu, als wollte er sich für die Verspätung entschuldigen.

Aufbruch zur dritten Drückjagd

Der Lada war wieder einmal nicht angesprungen. Der Oberjäger saß am Steuer eines anderen Geländewagens. Hinter ihm kauerten Alexander und Boris. Bronck und Luigi hatten es sich auf der vorderen der beiden Rückbänke bequem gemacht. Meier war wie immer der Letzte. »Die sollen sich nicht einbilden, sie sind was Besseres, nur weil sie adelig sind. Immer muss sich dieser Idiot vordrängen. Hat doch lange genug mit Ferdinand gemauschelt. Na ja, ein Gutes, hat es: So muss ich wenigstens nicht neben ihnen sitzen«, schnaufte er und stampfte erbost zu einem der anderen Autos. In der Tat hatten sich Ferdinand von Bronck und Luciano Lamboretti-Tacoli in den letzten Tagen oft absentiert, hatten miteinander getuschelt und verstummten urplötzlich, wenn Meier in ihre Nähe kam.

Langsam rollte die Kolonne vom Hof. Mit Eugen und Alexander besprach ich während der Fahrt noch einmal die Organisation des Tages, doch ich wurde immer wieder abgelenkt. Ungewollt wurde ich nämlich Zeuge der Unterhaltung auf der mittleren Rückbank. Schon Broncks Vater und Luigis Großvater, beide jeweils wie ihre Nachkommen in der Keramikbranche tätig, waren befreundet gewesen, hatten viele Jahre lang in Tirol ein Revier mit komfortablem Jagdhaus gepachtet und waren auch geschäftlich miteinander verwoben, entnahm ich dem Gespräch: »Was du ererbst von deinen Vätern, erwirb es, um es zu besitzen«, beschwor der alte Graf seinen jungen Nebenmann, »Herkunft hat Zukunft, Zukunft hat Herkunft, denk daran, Adel verpflichtet. Ohne diese Überzeugung hätten es deine und meine Vorfahren nie so weit gebracht. Wir müssen zusammenhalten, sonst übernehmen uns die Proleten. Machst du mit dem Neureichen weiter direkt Geschäfte, können wir dichtmachen ...« – »Das musst gerade du mir vorhalten«, verteidigte sich Luigi trotzig wie ein kleiner Junge, den man der Lüge überführt hat.

Da geriet unser Konvoi plötzlich ins Stocken. Im Rückspiegel sah ich, dass die Räder des uns folgenden Autos in dem sumpfigen Untergrund durchdrehten. Der Motor heulte auf. Im Zeitlupentempo rutschte das schwere Gefährt von der Piste, versank bis zu den Achsen im Schlamm und fuhr sich mit jedem

Versuch, aus dem Dreck herauszukommen, nur noch mehr im Morast fest. Es half kein Fluchen, kein Betteln und kein wütender Tritt gegen die Karosserie, nun war Muskelkraft gefragt.

Fast eine halbe Stunde dauerte es, bis wir unter zahlreichen internationalen Flüchen, aber mit vereinten Kräften den Wagen wieder auf festen Boden gehievt hatten und die Fahrt fortgesetzt werden konnte. Während einer weiteren halben Stunde durch Sumpf und Moor, durch die weg- und steglosen, schier unendlichen russischen Weiten, wurden Mensch und Maschine auf eine harte Probe gestellt.

Endlich stießen wir in the middle of nowhere auf die wartende Treiberschar, und nach nicht enden wollender Lagebesprechung wendete sich Eugen schließlich an die bereits ungeduldig gewordenen Gäste: »Drücken dauert drei Stunden. Jetzt wir bringen alle zu ihren Ständen. Am Ende wir alle abholen. Vorher nicht gehen«, schloss er militärisch kurz.

»Wie ist das mit der Sicherheit?«, wollte Breccler noch wissen. Weil der Jagdführer die Bedenken nicht verstand, sprang ich ein: »Keine Sorge, die Stände sind weit voneinander entfernt, kein Schütze kann den anderen gefährden.« Eugen konnte sich die Verhältnisse in Deutschland, wo man in wenigen Hundert Hektar großen Revieren jagt, die Treiben relativ eng abgestellt werden und man sich vor Beginn der Jagd mit seinen Nachbarschützen in Verbindung setzen muss, nicht vorstellen. In Sibirien ist es aufgrund der riesigen Jagdgebiete ziemlich unwahrscheinlich, auf einer Drückjagd seinen Nachbarn zu sehen, geschweige denn zu gefährden.

Nachdem Breccler beruhigt worden war, rumpelten zwei Autos mit einigen Treibern in verschiedene Richtungen los. Ein weiteres mit Prettenkamp, Hahn, Boris und den restlichen Helfern auf der Ladefläche folgte in gebührendem Abstand.

Eugen saß am Steuer des vierten Geländewagens und drängte nun zur Eile. Alexander kauerte auf der offenen Pritsche und rauchte gelassen eine Zigarette. Graf Bronck stieg ungelenk auf den Beifahrersitz. Auf der Rückbank unterhielt ich mich gut gelaunt mit Luigi, und wir verließen als Letzte den Sammelplatz.

Die Kolonne stoppte. Breccler wurde als Erster abgesetzt. Am Rand einer Blöße, geschickt unter zwei alten Fichten verblendet, erkannte ich einen aus groben Stangen zusammengehauenen Ansitzbock. Links und rechts wurde die natürliche Lichtung durch dichten Unterwuchs aus allerlei Weidenhölzern begrenzt, es war aber auch für ungeübte Schützen genügend Schussfeld vorhanden.

Nach kurzer Einweisung stapfte Ortwin Breccler zufrieden zu seinem Stand. Der Wagen rumpelte weiter bis zu einer sumpfigen, mit Schilf bestandenen Fläche und hielt erneut.

»Herr Graf, bitte schön«, unterbrach Eugen die Unterhaltung auf der Rückbank, »dahinten links, ungefähr 50 Meter zwischen hohen Bäumen ist großes Wasser, sehr guter Stand«, forderte er seinen Nebenmann auf und zeigte auf eine Gruppe mächtiger alter Erlen.

Mit Rucksack und Büchse auf dem Rücken wollte der alte Herr, kaum dass ihm Alexander das Gepäck von der Ladefläche gereicht hatte, losziehen, strauchelte aber und sank knöcheltief im Schlamm ein. Umständlich versuchte er sich umzudrehen. Luigi sprang aus dem Auto. »Per aspera ad astra, vor den Erfolg haben die Götter den Schweiß gesetzt, das ist was für junge Leute«, grinste er. »Überlass mir den Stand, nimm du den nächsten.« – »Kein Problem«, bekräftigte Eugen, »Sie nehmen Platz von Luigi.« Der Italiener griff Gewehr und Jagdtasche und stiefelte los. Erleichtert reichte Bronck seine Jagdutensilien an Alexander zurück, der sie wieder auf der Ladefläche verstaute. »Man ist eben nicht mehr der Jüngste«, wandte sich der alte Graf entschuldigend an den Oberjäger und stieg wieder ins Auto.

Zehn Minuten später quälte er sich erneut aus dem Wagen. Der ursprünglich dem Italiener zugedachte Sitz stand an einer 100 mal 100 Meter großen Naturverjüngung. Sturm hatte dort ein Loch gerissen und gutes Sichtfeld geschaffen. Nach Süden und Westen blickte man über eine weite, heideähnliche Blöße, auf der vereinzelte Birken standen. Wahrscheinlich hatte hier vor mehreren Jahren ein großes Feuer gewütet.

Auch wenn die Erde durch den Klimawandel noch so geschädigt wird, Wälder haben einen längeren Atem als wir Menschen. Bäume werden immer wieder wachsen, ob nach Kriegen, Stürmen, Dürren oder Bränden, überlegte ich beim Anblick dieser von Menschen noch nicht vergewaltigten Landschaft.

Am Rand der Fläche, zwischen zwei knorrigen, bis in die morschen Kronen hinauf bemoosten Lärchen, erkannte ich einen abenteuerlich anmutenden Hochsitz. Die aus krummen Knüppeln zusammengefügte Leiter endete an einem zwischen die schwankenden Stämme geklemmten Brett. Als Rückenlehne war dahinter ein weiteres Brett genagelt. Eine wacklige, unbequeme Angelegenheit für den alten Herrn, wenn man die geplante Länge des Treibens bedachte. »Geilfus lässt grüßen«, murmelte ich skeptisch meinem Nebenmann zu. Alexander konnte aber mit dem bekannten Jagdcartoonisten nichts anfangen. Es folgte eine kurze Einweisung durch Eugen, dann ratterte das Auto ohne Bronck weiter.

Allein in der Einsamkeit

Als Nächster wurde ich am Rand eines Altholzes abgesetzt. Ich schnitt von einer Fichte einen Arm voll Zweige ab, stapelte sie auf einem umgefallenen, mit dicken Moospolstern bedeckten Baumstamm, legte darauf eine Plastiktüte, um auf dem durchnässten, morschen Baumriesen trocken sitzen und mich auf der weichen Unterlage lautlos drehen zu können.

Hohes Gras und absterbende Farnwedel würden das Schießen nach links erschweren, nach rechts hatte ich bessere Sicht. Zwischen den Fichtenstämmen zog sich eine Geländerinne, wie sie gerne von Sauen angenommen wird. Ich machte in alle Himmelsrichtungen Anschlagübungen, setzte mich und wartete. Die Jagd lebt von Erwartungen und Hoffnungen, sie geben mir stets Ansporn und Ausdauer genug, um stundenlang bewegungslos und konzentriert auf solch einem eher provisorischen Stand auszuharren.

Das Gewehr fest umklammert, lauschte und schaute ich gespannt in die wilde Stille der herbstlichen Natur. Keine Eisenbahn, kein Auto, kein Flugzeug, überhaupt keine Zivilisationsgeräusche, nur das Rauschen der endlosen Wälder und ab und an das Gezwitscher eines Vogels. Das Treiben war so weitläufig abgestellt, dass wahrscheinlich die Stille auch nicht durch den Knall eines Schusses von einem Nachbarstand gestört werden würde.

Einige Laubbäume leuchteten noch in verschwenderischer Pracht. Indian Summer in einem letzten Auflodern, bevor er sich davonmachte.

Indian Summer im ehemaligen Reich der Zaren – ich musste schmunzeln. Nach einer halben Stunde angestrengter Konzentration brach es rechts von mir. Das Knacken kam näher. Sauen!, schoss es mir erwartungsvoll durch den Sinn. Ich erhob mich, und da erschienen sie auch schon: Im Gänsemarsch, besser Schweinetroll, flüchteten dort, wo ich es mir ausgemalt hatte, fünf Überläufer. Der Schaft der Büchse glitt vor meine Schulter, Schuss, ein Schwein rollierte auf 30 Gänge. Die Rotte spritzte auseinander und verschwand. Es folgte ein Nachzügler. Er brach nach zwei weiteren Schüssen im Feuer zusammen. Zufrieden setzte ich mich wieder und genoss den Moment. Meine Aufregung über das Auftauchen der Sauen legte sich, und ich freute mich an den leuchtenden Herbstfarben zwischen den eintönig dunklen Fichten. Wohltuende Ruhe.

Ab und an drangen vereinzelte Sonnenstrahlen durch die dichten Kronen, zauberten kontrastreiche Schattierungen auf den Waldboden. Wie mächtig,

wie gewaltig wirkte dieser ursprüngliche, dunkle Urwald, und wie zart erschienen dagegen die feinen Sonnenstrahlen, die immer wieder für wenige Augenblicke ihren Weg bis auf den Erdboden fanden.
Da brach es erneut fast unhörbar. Wieder näherte sich Wild. Behutsam erhob ich mich. Wildkörper streiften an Zweigen entlang, dann knackte ein Ast. Meine Büchse lag im Voranschlag. Spannende Sekunden, während ich gebannt in die Richtung starrte, aus der die verheißungsvollen Geräusche kamen. Wie von einem Katapult abgeschossen, brach plötzlich eine Sau hervor, gefolgt von drei, vier, fünf schwächeren.
Erwartet, erhofft, doch so überraschend erschienen sie, dass ich erst auf das letzte Stück zu Schuss kam. Zwei, drei taumelnde Fluchten, und es sackte zusammen, während die anderen fortbrachen.
Ich atmete tief durch, setzte mich wieder und war mit mir und der Welt zufrieden. Ich empfand das Glücksgefühl, die innere Befriedigung, fern ab von der Hektik der Zivilisation, von geschäftlichen und gesellschaftlichen Zwängen in unberührter Natur Jäger sein zu dürfen, noch intensiver als sonst.

Unruhe im Paradies

Als sich nach Ende des Treibens die Autos meinem Stand näherten, wirkten sie wie stinkende, laute Eindringlinge in die intakte Natur, doch als dann die Jagdhelfer aus den Fahrzeugen sprangen, herrschte ausgelassene Stimmung und Freude. Ausführlich wurden die letzten Stunden diskutiert.
Gemeinsam mit Alexander waren meine drei Sauen schnell aufgebrochen und auf die Ladeflächen gewuchtet. Weiter ging es. Die anderen Schützen warteten schon auf uns.
Conte Tacoli – wieder überschwängliche Begeisterung, erneutes Schulterklopfen, Händeschütteln, Palaver – hatte zwei Frischlinge gestreckt. Auch sie waren rasch versorgt, und der Konvoi rollte weiter.
»Dieser Tag hat überhaupt nichts gebracht, war stinklangweilig«, brummte Meier gereizt, als wir bei seinem Stand ankamen, und wandte sich, als er die Strecke auf der Ladefläche begutachtet hatte, an Luigi: »Was hast du denn

dem Eugen in die Hand gedrückt, damit er dir diesen Stand gibt, kannst dir wohl den Abschuss von stärkeren Sauen nicht mehr leisten?« Meiers Frage sollte witzig klingen, aber ein gehässiger Unterton war nicht zu überhören, währenddessen er sich indigniert zwischen die unbeschwert schnatternden Treiber zwängte.

»Hätte ich nicht pinkeln müssen, hätte ich gar keinen Schwanz gesehen, hab nur ein paar Schüsse gehört.« Luigi parierte sofort: »Ich habe erst kürzlich gelesen, dass neben uns Menschen vier große Primatenarten, Bonobos, Gorillas, Schimpansen und Orang-Utans, ihren Schwanz im Laufe der Evolution verloren haben.« Meier wurde noch misslauniger, atmete tief ein, aber bevor er dem Italiener antworten konnte, drängte Eugen laut: »Dawai, die anderen warten!«, legte den Gang ein und gab Gas.

Auf zum nächsten Stand!

Prettenkamp hatte ein Rottier und ein Kalb geschossen. Als Nächstes wurde Christian Hahn eingeladen. Er hatte weder etwas gesehen noch gehört, gab sich aber sehr zufrieden.

Der Himmel bezog sich, Schatten legten sich über das Land, als wir weiterfuhren, um Bronck einzusammeln.

Er stürzte uns mit kurzen, schnellen Schritten entgegen. »Auf mich ist geschossen worden!!«, keuchte er, noch bevor jemand aus den Autos gesprungen war, mit hochrotem Kopf in einer Dynamik, die niemand in der Natur des alten Herrn vermutet hätte.

»Interessant – und das hier in den russischen Wäldern, die ja bekanntlich vor bösen Menschen nur so wimmeln«, grinste Luigi süffisant mit vor der Brust verschränkten Armen.

Der Sarkasmus machte Bronck rasend. Seine Nerven, vielerlei Belastungen gewachsen, spielten ihm nun einen Streich. »Vielleicht weißt du ja auch, wem ich im Wege bin?!«, schrie er in einem Tonfall, der von einer Frage weit entfernt war. Der Conte zuckte zusammen, als hätte man auf ihn ebenfalls geschossen.

»Bitte, erzählen von Anfang, was passiert, nach Aussteigen?«, versuchte Eugen stirnrunzelnd den Streit zu schlichten. Er hatte noch nicht zu Ende gesprochen, da prustete Bronck, dessen Gesichtsfarbe sich wieder einigermaßen normalisiert hatte, wild gestikulierend los. »Es hat geknallt!«, brüllte er.
»Im Wald knallt es bisweilen. Ich habe irgendwo gelesen, auf der Jagd wird mitunter auch mal geschossen«, unterbrach Luigi ihn erneut.
Bronck kämpfte mit fliegendem Atem gegen die Gewalt seiner Erregung an, bezwang das Zittern seiner Lippen und wandte sich völlig aufgebracht an den Oberjäger: »Ich fühlte einen Stoß, als die Kugel neben mir in die Rückenlehne einschlug, und hörte das Geschoss vorbeizischen. Es war fast wie im Krieg!«
Neugierig geworden, gingen wir alle gemeinsam zum Hochsitz.

Schatten der Vergangenheit

Vor meinem geistigen Auge sah ich das Geschehen wie einen Film ablaufen: der arme Bronck. Offensichtlich waren Erinnerungen an seine Kriegserlebnisse wieder lebendig geworden, und die Schatten der Vergangenheit hatten ihn heimgesucht!

Ich konnte mir die Situation gut vorstellen. Da kauerte er im tiefsten Russland nichts ahnend auf dem schwankenden Sitzbrett zwischen den beiden Lärchen und hatte sich genüsslich eine Zigarre angezündet. Die Büchse ruhte auf seinen Knien. Versonnen träumte er dem langsam nach Westen ziehenden Tabakrauch nach.

Trotz aller Vorfreude über den vor ihm liegenden Ansitz beschäftigte ihn das Gespräch mit seinem Geschäftspartner. Liefern die Italiener weiter direkt, kann ich meine Firma dichtmachen, meditierte er. Was soll aus meiner Familie werden – und aus den Angestellten? Ich muss ...

Da durchbrach jäh ein weit entfernter Schuss die eintönige Ruhe. Ebenso deutlich wie ich hatte auch er den Kugelschlag gehört. Das könnte Breccler gewesen sein, grübelte der Alte. Ein Auto brummte davon. Das Motorengeräusch verklang. Dann war es wieder totenstill.

Fünf Minuten später fühlte er den Stoß im Rücken, gleichzeitig neben ihm urplötzliches, böse klingendes Pfeifen und einen ohrenbetäubenden Knall, der ihn blitzartig zusammenfahren ließ und alle Instinkte des kriegserfahrenen Soldaten weckte. Wenige Zentimeter rechts von ihm war die raue Oberfläche der Rückenlehne zersplittert. In dem verwitterten grauen Holz klaffte mit einem Mal ein hässliches Loch.

Schlagartig fühlte sich der alte Herr zurückversetzt in die dunklen, nicht enden wollenden Monate in den Schützengräben an der Ostfront, wo er zahlreiche Kameraden verloren hatte. Täglich waren unzählige Gewehrkugeln und Granaten an ihm vorbeigezischt. Er war damals als junger Soldat nur knapp mit dem Leben davongekommen und konnte wieder in die Heimat zu seiner Familie zurückkehren, während viele seiner Kameraden ihr Leben hier in den unendlichen Weiten Russlands gelassen hatten.

Geistesgegenwärtig duckte er sich, ließ sich auf die Fußleisten des Sitzes gleiten und verharrte dort stocksteif zusammengekauert und mit angehaltenem Atem. Keine Anzeichen von Leben. Tiefer Frieden um ihn herum. Nur der Wind spielte sachte rauschend mit den Zweigen in den Kronen der hohen Bäume. Nach sich wie eine Ewigkeit anfühlenden bangen Augenblicken hob er vorsichtig den Kopf und spähte umher. Nichts Verdächtiges war zu entdecken. Behutsam richtete er sich auf. Leises Rauschen, als streifte etwas an Zweigen entlang, als schliche jemand über feuchte Moospolster davon – oder spielten ihm seine überstrapazierten Nerven einen Streich?

Mit zitternden Händen zündete sich der alte Herr eine Zigarette an und schaute auf die Uhr, 11.53 Uhr. Genau sechs Minuten später hörte er ein Auto davonfahren, oder bildete er sich auch das nur ein?

So entspannend die Ruhe für den erfahrenen Jäger sonst war, so sehr zehrte sie nun an seinem Nervenkostüm. Das tatenlose Warten bis zum Ende des Drückens wurde zum Martyrium. »Ich kann nicht allein fort von hier«, ging es ihm immer wieder durch den Sinn, »ich würde mich unweigerlich verlaufen.«

Er hatte keine Ahnung, wo die anderen Jäger abgestellt worden waren, aber er kannte Russland aus dem Krieg, kannte die unermesslichen Weiten, wusste, dass er sich im nahezu menschenleeren asiatischen Teil des riesigen Landes befand, der 90 Prozent Russlands ausmacht, in dem allerdings lediglich zehn Prozent der Bevölkerung leben.

Bronck hatte, eingekesselt von der Roten Armee, mit seinen Kameraden unter dem Feuer der russischen Artillerie gelitten, gehungert. Er erinnerte die gewaltigen Entfernungen, die Unbewohnbarkeit der menschenfeindlichen Sümpfe und einsamen Wälder. Nur durch ein Wunder hatten einige Landser hinausgefunden. War es da ein Wunder, dass ihn diese schreckliche Zeit nicht losließ?

Ferdinand Bronck hatte über seine Erlebnisse an der Front mit kaum jemandem jemals gesprochen, die furchtbaren Eindrücke verdrängt, versucht zu vergessen, aber nun breiteten sich erneut die Schatten der Vergangenheit mit ungebremster Vehemenz verstörend und bedrohlich in ihm aus.

Unsicher die Umgebung musternd, stieg er nach einer zittrigen Zigarettenlänge die Leiter hinab, kauerte sich hinter dem Stamm einer dicken Fichte auf den Boden und wartete, wartete, wartete.

Immer wieder schaute er ungeduldig auf die Uhr. Die Zeiger bewegten sich vermeintlich immer langsamer. Die Zeit schien von Minute zu Minute zähflüssiger zu verrinnen. Wieder und wieder stiegen Erinnerungen an den Krieg, an entbehrungsreiche, grauenvolle Zeiten in Russlands Wäldern und Sümpfen vor seinen Augen auf. Wie aus dem Nebel der fernen Vergangenheit erschienen Bilder von Schützengräben, 1944, als er noch ein junger Mann war. Aus dem Jäger war ein Gejagter geworden.

Da brach es in dem dichten Bestand. Zweige schwankten hin und her, rauf und runter, oder war auch dies vielleicht wieder nur ein Hirngespinst? Nervös ließ er die halb aufgerauchte Zigarette zu Boden fallen, umfasste den Pistolengriff seiner schweren Büchse noch etwas fester und starrte mit flatterndem Herzen gegen eine grüne, undurchsichtige Fichtenwand, bereit, jeden Augenblick zu schießen.

Spurensuche

Wir waren alle an dem Hochsitz angekommen und versuchten nun, uns den Vorfall zu erklären. »Typischer Querschläger«, stellte Hahn selbstsicher fest.

»Ihr Grünschnäbel habt ja keine Ahnung! Das war kein Querschläger, keine verirrte Kugel, kein Zufall verdammt noch mal! Hier, seht doch, den Einschuss in der Rückenlehne.« Bronck quälte sich noch einmal die wacklige Leiter hinauf und zeigte auf das Loch in dem Brett.

Kritisch betrachtete Eugen von unten den kleinen runden Einschuss sowie den zersplitterten Ausschuss und stieg, als Bronck mühselig wieder heruntergekraxelt war, selbst auf den Sitz, um die Löcher aus der Nähe zu untersuchen. »Haben Sie Ahnung, von wo Kugel gekommen?«, forschte er nach.

»Natürlich, von dort, wo die Bäume stehen«, zeigte Bronck zu einer Ansammlung kleiner Birken, vor deren weißen Stämmen mit ihrer abgeblätterten Rinde sich hin und wieder ein grüner Wacholder abzeichnete. »Dort muss der Kerl gestanden haben.«

»Kerl? Was für ein Kerl?«, unterbrach Luigi wieder, »vielleicht war es ja auch eine junge hübsche Frau?!« Bronck holte tief Luft, tat dann aber so, als habe er die Bemerkung nicht gehört. Schritt für Schritt näherten wir uns der Baumgruppe.

»Hier!«, unterbrach Alexander schließlich unser Schweigen. Er deutete auf zwei abgebrochene Zweige. »Bruchstellen frisch.«

Einige Schritte weiter zeigten umgeknickte Schilfhalme, dass dort jemand entlanggelaufen war, ob Mensch, ob Tier war auf dem moos- und grasbedeckten Boden nicht zu erkennen. So intensiv wir auch suchten, wir fanden keine Anzeichen dafür, dass sich hier kürzlich ein Mensch fortbewegt hatte.

»Miliz muss kommen«, bestimmte der Oberjäger und ging zurück zu den Fahrzeugen. Wir folgten ihm. Langsam rumpelten die Autos weiter, um auch noch den letzten Schützen einzusammeln.

Ein Fehlschuss und andere Tragödien

Breccler wartete bereits am Rand der breiten Schneise. Schweiß rann ihm in dicken Tropfen von der Stirn. Den Mantel hatte er trotz der niedrigen Temperaturen ausgezogen und über die Schulter geworfen. Die oberen Knöpfe seines Hemdes waren geöffnet, seine Schuhe mit Morast beschmiert. Auf unsere fragenden Blicke schüttelte er nur enttäuscht den Kopf, holte tief Luft, wollte eine Zusammenfassung der letzten Stunden geben, als Bronck, der wie von der Tarantel gestochen aus dem Auto gesprungen war, ihm ziemlich aufgelöst das Wort abschnitt: »Ortwin, auf mich hat jemand geschossen!« Aufgeregt berichtete er auch ihm in sämtlichen Details von den Vorkommnissen der vergangenen Stunden.

Als er schließlich auserzählt hatte, seine Aufregung hatte sich dadurch mittlerweile auch wieder etwas gelegt, wandte er sich an Breccler: »Ortwin, alter Junge, erzähl, was ist dir widerfahren, was hast du gestreckt?«

»Nix«, kam die Antwort wie aus der Pistole geschossen.

»Aber ich hab doch einen Schuss aus deiner nimmer fehlenden Büchse vernommen, sollte ich mich da getäuscht haben?«

Das Lächeln auf Brecclers Lippen erstarb. »Ja, ich habe ein Rotkalb beschossen, aber einwandfrei gefehlt, ging mit dem Rudel ab, keine Pirschzeichen. Da kannste nichts machen, das Stück ist gesund«, ärgerte er sich und berichtete von einem Elchtier, das er im Glauben, es wäre ein führendes Stück, geschont hatte. Für einen erfahrenen Jäger, der seit frühester Jugend mit der Jagd vertraut war, wirkte er auf mich unsicher und ratlos, gepaart mit einem schlechten Gewissen.

Die Jagdhelfer verstanden nicht, warum er das Tier nicht geschossen hatte. In dieser urigen Landschaft gibt es keine ethischen Bedenken hinsichtlich des Tierschutzes. Hier regiert nicht der Mensch, sondern noch die Natur. Und die kennt keine Rücksicht auf führendes, krankes oder altes Wild. Gefühle, wie Jäger sie in westlichen Kulturen hegen, Sentimentalitäten oder Mitleid sind in der Wildnis nicht gefragt. Für hiesige Jäger zählt allein das Fleisch zum Überleben, weiß ich von meinen Jagden in anderen Kontinenten.

»Ich hätt das Vieh umgelegt, was de hast, haste«, kommentierte Meier, aber Breccler hatte seine Prinzipien, jedenfalls hatte er dies wieder und wieder betont.

»Wie trefflich deine Büchs auch sei, eines musst du stets bedenken: Sie sendet willenlos das Blei, du aber musst es lenken«, begann Bronck zu zitieren, bis Meier zu toben anhob: »Ferdinand, halt dich doch endlich mal zurück mit deinen blöden Sprüchen, verdammt noch mal!«

»Sechs Sauen, zwei Stück Rotwild in drei Stunden, gute Strecke«, unterbrach Eugen den Disput, gab so viel Gas, dass der Motor aufheulte, und fuhr den anderen Autos hinterher.

Breccler musste dem Kalb lange gefolgt sein, die Suche hatte den über 70-Jährigen ziemlich angestrengt, deshalb war er auch so erschöpft. Aber wieso hatte er nicht von sich aus von dem Schuss erzählt, sondern erst, als Bronck ihn danach fragte, überlegte ich. Irgendwie passt das nicht zusammen.

Bei den müden Jagdhelfern machte sich fröhliche Entspannung breit. Ausgelassen wurden die Ereignisse der letzten Stunden diskutiert. Eine Wodkaflasche kreiste, und bald flog die zweite leere Flasche in hohem Bogen aus dem Auto ins Gebüsch. Mehrere Zentner Fleisch lagen auf den Ladeflächen – der lange harte russische Winter konnte kommen.

Trotz der guten Strecke kam jedoch unter uns keine rechte Freude auf. Stattdessen stand die brennende Frage im Raum: Wer hatte auf Bronck geschossen?

Kriminologische Gedankenspiele

»Kein Mensch schießt ›nur mal so‹ auf einen anderen. Jemand muss ein Motiv gehabt haben. Lass uns noch mal alle Optionen durchgehen«, regte ich an, als wir beim Jagdhaus angelangt waren und ich mit Luigi und dem Konsul hinter die Wirtschaftsgebäude schlenderte, wo Vitalek und Mitja mit der Nachbehandlung der Trophäen beschäftigt waren. Neben ihnen stand Raissa. Als wir näherkamen, unterhielt sie sich nur noch leise flüsternd und mit vorgehaltener Hand mit den beiden Männern.

»Wann wird denn die verflixte Polizei endlich hier sein?«, schimpfte Joachim Meier, nachdem wir weitergegangen waren. Wenig später stürzte Vitalek, ohne uns eines Blickes zu würdigen, an uns vorbei und verschwand genauso schnell, wie er herangeeilt war.

Nachdenklich strich Luigi mit der Hand über das Geweih seines 22-Enders. Er versuchte die dunklen Stangen unterhalb der Eissprossen mit Daumen und Zeigefinger zu umfassen und nickte dabei anerkennend. Dann ergriff auch ich das Geweih noch einmal zwischen Eis- und Mittelsprossen und wog es in meinen Händen. »Zwölf Kilogramm hat es bestimmt, wenn nicht sogar mehr«, worauf Meier kommentierte: »Na ja, ein ganz netter Hirsch, das muss man schon sagen.«

Ich wechselte schnell das Thema: »Wir saßen in dem Treiben so weit auseinander, dass von uns wohl keiner als Schütze infrage kommt, es sei denn ...« Ich machte eine Pause. Meine Gedanken wirbelten plötzlich durcheinander. »Breccler war Broncks direkter Nachbarschütze, er könnte ...« Ich stockte abermals.

»Du hast recht«, bestätigte Luigi meine nicht zu Ende ausgesprochene Vermutung, »doch wieso sollte ausgerechnet er Interesse haben, Bronck umzubringen?«

»Wieso hat er nicht sofort zugegeben, dass er vorbeigeschossen hat, sondern erst, als Bronck explizit danach fragte? Vielleicht hat er ja gar nicht auf ein Kalb geschossen ...« Luigi unterbrach mich. »Lass uns den Oberjäger fragen. Diese ganze Situation mit den gegenseitigen Verdächtigungen bringt uns alle keinen Schritt weiter!«

Nachdem wir Eugen unsere Vermutungen mitgeteilt hatten, dauerte es eine gefühlte Ewigkeit, bis er sich dazu äußerte: »Graf hört Schuss eins, dann hört Schuss zwei, der war für ihn. Stand von Breccler und Stand von Bronck waren zwei Kilometer Entfernung. Ich denken, Breccler laufen auf anderen Stand, schießen auf Freund und laufen zurück. Ist möglich?«

»Der Bursche sah jedenfalls verdammt mitgenommen aus, als wir ihn abholten«, warf Meier ein.

»Dann müsste man aber doch Spuren finden. Kein Mensch kann zwei Kilometer weit durch dichten Busch laufen, ohne Spuren zu hinterlassen«, überlegte ich und schlug vor: »Lass uns noch einmal mit Alexander den Stand untersuchen, der hat Augen wie ein Luchs. Ich gehe schon mal zu den Autos.«

Gespräch unter »Freunden«

Vitalek versuchte hinter dem Jagdhaus den schweren Lada zu reparieren und schimpfte laut, als sein Freund Mitja hinzutrat, seine Kalaschnikow an die Wand des Schuppens lehnte und ihm Hilfe anbot: »Ich hab die Schnauze gestrichen voll! Immer nur die alten Karren wieder auf Vordermann bringen – und alles nur wegen der Weiber«, fluchte er vor sich hin.

»Na, na, so schlimm ist es nun doch auch wieder nicht. Ich könnte es hier durchaus länger aushalten: keine Knochenarbeit wie in Moskau, gutes Essen, Jagd, dazu Trinkgeld, nette Menschen ...« Mitja geriet ins Schwärmen, bis der Freund ihn wütend unterbrach: »Durak, Dummkopf! Wen meinst du mit ›nette Menschen‹? Etwa den alten Geizkragen? Von dem habe ich noch nicht eine Kopeke gekriegt. Und seine Freunde sind nicht viel besser. Der Affe tut sich

auch nur wichtig, dabei hat er überhaupt keinen Hirsch geschossen, und der andere Typ hat auch gelogen, nur wegen ein paar blöder Knochen. Wir dürfen die Drecksarbeit für die machen. Und den Gigolo aus Italien, den kennen wir ja nun zur Genüge, den kannst du wirklich in der Pfeife rauchen, der kotzt mich an.«

Mitja schüttelte genervt den Kopf, kniete sich neben das Auto und spähte unter die Karosserie: »Es muss am Auspuff liegen, der hat geschlagen. Wir müssen den Karren aufbocken, sonst kommen wir da nicht ran.« Er verschwand in einem Schuppen, kam mit einem vorsintflutlich anmutenden Wagenheber zurück und platzierte ihn mittig unter das Auto. Dann wartete er schweigend, bis Vitalek den Wagen hochgekurbelt hatte, unter die Karosserie gekrochen war, mit einem Schraubenschlüssel an das Auspuffrohr klopfte und schließlich wieder hervorkam. »Nix zu sehen, guck du mal, vielleicht findest du was – ich leuchte.« Vitalek holte eine Taschenlampe aus dem Kofferraum und reichte Mitja eine Decke. Der rollte sie unter den links aufgebockten Wagen, schob sich, auf dem Rücken liegend, darunter und leuchtete den verrosteten Unterboden des Lada ab. Der Freund wartete neben dem aufgebockten Auto und verfolgte gespannt jede Bewegung von Mitja.

»Schlägst du Wurzeln, oder steigst du ein?«, riss mich Meier aus meiner Beobachtung und winkte mich an den anderen Wagen heran, in dem er mit Alexander, Eugen und Luigi Platz genommen hatte.

Georg legt das Manuskript wieder auf seine Knie und greift nach der Zigarettenschachtel. »Leer ... ich hol eben eine neue.« Während er nach den Zigaretten sucht, gehe ich mit dem Hund vor die Tür. Es regnet und stürmt noch immer. Die Chancen auf eine aussichtsreiche Frühpirsch sind miserabel. Ich bin wundersamerweise darüber nicht ungehalten.

Georg tritt ebenfalls vor die Tür und steckt sich eine Zigarette an. »Mistwetter«, sage ich nur, lasse ihn allein mit der Nacht, gehe in die Hütte zurück, sorge für frische Getränke und füttere das Feuer. Schließlich kommt auch er wieder herein, setzt sich, schweigt. Ich will ihn gerade auffordern, weiterzureden, da räuspert er sich, fühlt offenbar meine Ungeduld und greift erneut zum Manuskript:

Als wir bei Brecclers Stand angekommen waren, sprang Alexander als Erster aus dem Auto, folgte nach kurzem Kreisen einer imaginären Spur und kam dann zu uns zurück. »Nix«, nuschelte er.

»Broncks Stand liegt im Osten«, stellte Eugen fest, und ich registrierte: »Exakt die entgegengesetzte Richtung zum Anschuss des Kalbes, wenn ich Breccler richtig verstanden habe.« Der Oberjäger schaute zum trüben Himmel, als wollte er sich vergewissern, wo im Süden die Sonne zu erahnen war, deutete mit der rechten Hand nach Westen und stapfte mit Meier fort. Als aber auch nach 100 Metern nichts darauf hindeutete, dass hier jemand entlanggelaufen war, kehrten sie wieder um.

Luigi und ich suchten derweil Schritt für Schritt den Boden rund um den Sitz ab und arbeiteten uns dann gen Osten durch den dichten Unterwuchs. Alexander folgte mürrisch. Plötzlich war er verschwunden.

»Müssen warten«, Eugen zuckte mit den Schultern, setzte sich in das feuchte Moos, riss ein Büschel trockenes Gras aus dem Boden, sortierte einen ihm genehmen festen Halm aus und schob ihn zwischen seine Zähne.

Während ich die Gelassenheit dieses Naturburschen bewunderte, konnten Luigi und der Konsul ihre Ungeduld nur schwer verbergen. Sie, die ihr

Leben in der geschäftigen Zivilisation der Städte verbrachten, waren überfordert, wenn sie in der Abgeschiedenheit ohne eine vorgegebene Beschäftigung warten mussten. Stets benötigten sie ein Ziel, Entspannung in der Natur war ihnen fremd und offenbar auch lästig. Ich setzte mich neben Eugen auf die Erde, während die beiden rastlos hin und her wanderten.

Plötzlich regte sich etwas am Boden zwischen ihnen und uns. Eine Maus huschte vorüber. Die anderen hatten sie gar nicht bemerkt. Ich nahm lediglich eine schnelle Bewegung wahr. Der kleine Waldgeist verschwand zwischen mehreren sperrigen Zweigen, erschien erneut und war mit einem Mal wieder fort, wie vom Erdboden verschluckt. Dann wuselte er über einen vermoderten Ast auf einem gefallenen Stamm entlang, tauchte wenige Momente danach noch einmal ab, und schon machte ich im verdorrten Gras, gut zehn Meter entfernt, weitere flinke Bewegungen aus. Erstaunlich, wie sich ein so kleines Wesen auf so kurzen Beinen so flink fortbewegen kann.

Beim Anblick des Winzlings fiel es mir schwer, mir vorzustellen, dass die Biomasse der kleinen Nagetiere die des weltweit in den Wäldern lebenden Schalenwildes haushoch übertrifft.

Während ich mich im Flüsterton mit Eugen über dieses Phänomen unterhielt, wanderten Meier und Conte Tacoli immer noch gelangweilt hin und her,

hatten den kleinen Waldbewohner überhaupt nicht wahrgenommen. Sie hatten genau genommen gar keine Antenne für die vielen kleinen, geheimnisvollen Wunder in der Natur.

Als Alexander nach einer halben Stunde immer noch nicht zurück war, wurden wir ungeduldig. Eugen inspizierte erneut die Umgebung, stieß auf den Wechsel, auf dem Alexander entlanggelaufen war, und wir folgten ihm. Nach ungefähr zehn Minuten kam uns der Jagdführer entgegen. Ein kurzes Gespräch zwischen ihm und Eugen, dann übernahm Alexander die Führung. Zügig ging er vor uns her. Nachdem wir uns fünf Minuten lang im Gänsemarsch durch dichtes Gebüsch gequält hatten, hielt er plötzlich inne, bückte sich und zeigte auf ein paar winzige dunkle Blutspritzer. »Leberschweiß, ein, zwei Tage alt«, murmelte er. Er ging wortlos weiter – so schnell, dass wir Schwierigkeiten hatten, ihm zu folgen.

Ein Keiler ohne Waffen

Nach 200 Metern verwies Alexander erneut Schweiß und beschleunigte seine Schritte noch einmal, ohne auf uns Rücksicht zu nehmen. Wir versuchten Schritt zu halten, blieben aber immer weiter zurück. Nach einem knapp einen Kilometer langen Gewaltmarsch stoppte Alexander endlich, bückte sich und zeigte auf ein mit Zweigen und Gras notdürftig verblendetes verendetes Wildschwein. Ohne dass ich niederknien musste, erkannte ich, dass vor uns ein kapitaler Keiler lag. An den feinen Knochensplittern, die rund um das Haupt des Bassen den Boden bedeckten, schloss ich, dass ihm mit einer Säge fachgerecht das halbe Gebräch entfernt worden war.

»Die Sau hat ja eine grauenvolle Verletzung«, keuchte Meier, als er noch fünf Meter entfernt war, und sich den Schweiß von der Stirn wischte. Alexander grinste: »Ein ordentliches Hauptschwein! Mindestens acht Jahre alt. Man hat die Gewehre entfernt.« Nach eingehender Begutachtung stand fest: Der Koloss war an einem Leberschuss verendet, und wir begannen zu rätseln.

»Hätte Ortwin den Keiler geschossen, müsste er einen Komplizen gehabt haben, der das Gewaff geborgen und den Wildkörper verblendet hat«, stellte ich fest, »allein hätte er ja nie bis hierher zurückgefunden, er hat ja auch kein Auto.«

»Ortwin ist ein Jäger alter Schule, dem geht Waidgerechtigkeit über alles, sonst hätte er das Elchtier erlegt, also auf den lasse ich nichts kommen«, bestärkte mich Luigi in meinem Zweifel.

»Ist doch völlig klar, dass es der Ferdinand war«, schaltete sich der Konsul ein, »mit seinen schlauen Sprüchen lenkt der nur von seiner Schießgeilheit ab.«

»Unsinn, der ist viel zu alt und klapprig, gar nicht mehr in der Lage, ein Stück Schwarzwild in dieser Wildnis so weit zu verfolgen und dann auch noch das Gebräch abzusägen«, zweifelte der Italiener, »immerhin war sein Stand zwei oder drei Kilometer entfernt.«

»Außerdem meinte Alexander, die Sau wurde schon vor zwei Tagen beschossen. Der Mann ist so erfahren, dass ich ihm glaube«, unterstützte ich Luigis These.

»Aber warum wurde sie verblendet, Keiler waren ja frei?«, stellte Meier fest.

»Hier kommen wir nicht weiter«, entgegnete Eugen schließlich, machte mit seinem Handy ein paar Fotos, und wir traten den Rückmarsch an.

»Sauen mit Leberschuss können viele Kilometer ziehen, bevor sie ins Wundbett gehen«, gab ich zu bedenken, als wir gemeinsam zum Auto zurückmarschierten. »Kann nicht auch jemand anderes geschossen haben? Wer waren die übrigen Nachbarschützen, und wo haben sie gesessen?« Niemand reagierte. »Wird Miliz sagen, können hier nichts tun, dawai, zum Jagdhaus!«, befahl Eugen schließlich.

Während wir uns weiter einen Weg durch das taunasse Gestrüpp zum Wagen bahnten, stießen wir auf Autospuren, die nicht älter als ein, zwei Tage waren, schätzte ich.

»Hier haben wir gestern gejagt«, behauptete Alexander. Es fiel mir schwer, das zu glauben. Obwohl ich mich viel in der Wildnis aufhalte, hatte ich die Gegend nicht wiedererkannt. Während wir weitergingen, zeigte unser Pirschführer nach Süden. »Dort saß Breccler«, meinte er, drehte sich um, zeigte dann nach Norden und kommentierte: »Und dort Hahn.«

Ein Unfall?

Als wir am Jagdhaus angekommen aus dem Auto kletterten, ahnte ich sofort, dass etwas Grauenvolles geschehen sein musste. Küchenpersonal, Jagdhelfer, Dolmetscherinnen, alle standen um den olivgrünen Geländewagen hinter den Wirtschaftsgebäuden herum und starrten schweigend und schreckerstarrt auf das alte Auto. Mit bangem Gefühl eilten wir zu ihnen. Mitja lag reglos unter dem schweren Geländefahrzeug. Nur seine Beine schauten hervor. Offenbar hatte der Wagenheber versagt, als er und Vitalek den Wagen reparierten. Mitja war unter dem schweren Gefährt begraben worden. Ohne Zweifel war der Mann tot, wahrscheinlich schmerzlos zerquetscht worden.

Die Hände auf dem Rücken verschränkt, umkreiste Eugen suchend die Unglücksstelle. »Wo ist Vitalek?«, wollte er schließlich wissen. »In Wald laufen«, wusste Raissa, »tote Freund machen traurig, so nicht sehen Tränen.«

»Nichts anfassen, alle zurück ins Haus!«, befahl der Oberjäger barsch, »warten, bis Miliz kommt.«

Georg versucht ein Gähnen zu unterdrücken, kann seine Müdigkeit kaum verbergen. »Lass uns zu Bett gehen«, meint er. »Aber nur, wenn du versprichst, mir die Geschichte noch bis zum Ende zu erzählen oder vorzulesen«, insistiere ich. »Mach ich, doch wenn wir morgen noch etwas beschicken wollen, ist jetzt endgültig Schluss. Wir könnten doch versuchen, noch einen Bock zu erlegen. Deswegen sind wir schließlich hier«, regt er an. Ich willige ein, denn unsere Essensvorräte neigen sich dem Ende zu.

Ich hätte zwar lieber weiter seinen Ausführungen gelauscht, als etwas jagdlich zu beschicken, aber Georg legt die Manuskriptseiten ordentlich zusammen, und keine zehn Minuten später liegen wir in unseren Schlafsäcken. Die Glut verlöscht.

Zeitsprung: Die Transformation der Jagdpraktiken durch die Jahrhunderte

Sechster Kaminabend:
Jagen wie früher
oder: Einen klaren Kopf bewahren

Ich schlafe fest und traumlos, bis Diva mich weckt. Im Osten ahnt man schon die Morgendämmerung, als Georg und ich uns nach einem spartanischen Frühstück vor der Hütte verabschieden. Er geht nach Westen zu den Bruchwiesen, ich pirsche wieder ins Moor. Heftige Böen lassen selbst die starken Stämme schwanken, zausen an den Fichtenkronen, peitschen die Zweige, dass sie wild hin und her, rauf und runter schwingen. Mal schwellen die fauchenden, pfeifenden Töne an, dass nichts anderes mehr zu vernehmen ist, dann werden sie wieder leiser und erinnern an das gleichförmige Tosen des Meeres.

Wohl zwei Stunden lang schleiche ich auf durchnässten Wegen durch kniehohes, pitschnasses Gras, da zieht ein drei- bis vierjähriger Sechser vor mir über eine matschige Schneise und verhofft. Auch ich stehe reglos wie eine Eidechse. Bevor ich den schwachen Bock klar ins Absehen bekomme, muss ich das beschlagene Objektiv mehrmals trocken wischen. Bereits wenige Fluchten nach meinem Schuss bricht er zusammen.

Gegen Mittag kehre ich zurück zur Hütte, vor der mich Georg schon erwartet. In der Eiche hängt bereits ein Bock. Der Freund hatte ihn am Rand einer aufgelassenen Wildwiese entdeckt. Er äste über 100 Meter entfernt im dichten Bewuchs, nur das Gehörn war anzusprechen. Die wenigen Momente, in denen das Reh frei und breit stand, hätten vielleicht für einen schnellen Schuss gereicht, aber Georg wollte mit seiner ganzen Erfahrung sichergehen, dass der Jährling nicht stark im Wildbret ist. Fünf Minuten musste er warten, bis er ihn endlich angesprochen hatte. »Als er dann zurück in den Wald wechselte«, erzählt Georg, »merkte ich, dass der Wind küselte. Ich pirschte zurück und erwischte ihn auf seinem Rückwechsel. Du weißt ja, der wichtigste Schritt für den Jäger ist der, den das Wild als Nächstes macht.« Mit dieser alten Weisheit endet sein kurzer Bericht über die erfolgreiche Morgenpirsch, und wir sind uns wieder einmal einig. Wir durften jagen wie in alten Zeiten.

Unser Essen für heute ist gesichert: Die frischen in der Pfanne schmorenden Innereien Leber, Herz und Nieren verbreiten zusammen mit dem Aroma gebratener Zwiebeln einen köstlichen Duft in der Hütte. Nach dem köstlichen Mahl ist ein ausgedehnter Mittagsschlaf angesagt.

Da das Wetter nicht besser zu werden scheint, es hat wieder angefangen zu regnen, beschließen wir, auf den Abendansitz erneut zu verzichten und uns stattdessen vor den Kamin zu setzen. Nachdem der Hund Pansen und Drossel des jungen Bockes verzehrt hat, ich genug Holz vor den Kamin platziert und das Feuer entfacht habe, macht es sich Georg im Ledersessel gemütlich, nimmt das Manuskript zur Hand und fährt mit seinem Vortrag dort fort, wo er gestern am späten Abend endete:

Nach dem furchtbaren Unglück waren wir alle wieder vor dem Kamin zusammengekommen. Die Zeiger der Uhr schienen ebenso erstarrt, wie wir es alle waren, und so floss die Zeit nur zäh dahin. Luigi, Breccler und Bronck zogen sich schon nach einer halben Stunde auf ihre Zimmer zurück. Prettenkamp, Meier, Hahn und ich beobachteten weiter schweigend das unruhige Flammenspiel des Kaminfeuers.

Plötzlich brach es aus Hahn heraus: »Alles hätte ich erwartet, aber nicht das!«

»Was willst du damit sagen?«, hakte Prettenkamp nach. »Natürlich handelt es sich um einen tragischen Unfall. Wenn die Jungs hier nur altes, schrottreifes Werkzeug zur Verfügung haben, bleibt so etwas nicht aus. Es gibt hier keinen TÜV, keine Berufsgenossenschaften oder Aufsichtsbehörden wie bei uns.«

»Alles Mumpitz, ich meine nicht die Iwans, die sind mir ziemlich egal. Ich spreche von Ferdinand. Der hat es doch faustdick hinter den Ohren, der täuscht mich auch mit seinen geistlosen Sprüchen nicht. Dem Kerl traue ich alles zu. Mal ganz ehrlich, ist doch klar, die dicke Sau hat er umgelegt. Mit Sicherheit hat er auch in die Rückenlehne seines Sitzes geschossen, um von dem Keiler abzulenken.«

»Dummes Zeug, ich sag's euch, das war Ortwin«, widersprach Meier. »Und die Geschichte mit dem Elch ist doch lächerlich. Stimmt mit Sicherheit auch nicht. Bei aller Waidgerechtigkeit, so blöd kann doch kein Mensch sein und

einen Elch laufen lassen. Die Geschichte ist erstunken und erlogen, um sich wichtig zu machen oder um ...«

»Dieser Geizkragen? Glaub ich niemals!«, echauffierte sich Hahn nun noch mehr. »In Ortwins Revier gibt es doch gar kein Schwarzwild. Außerdem hat er keinerlei Erfahrung mit Sauen, das hat er immer wieder betont. Der Wurf des dicken Keilers ist aber sauber hinterm zweiten Backenzahn abgesägt. So was kann nur ein Profi. Es muss also jemand getan haben, der sich mit Schwarzwild auskennt, der sein Handwerk versteht. Ortwin scheidet jedenfalls aus!«

Nachdenkliche Stille.

»Auf einer Drückjagd hat man normalerweise keine Säge bei sich, aber was ist bei dieser Jagdgesellschaft schon normal«, murmelte ich leise vor mich hin, über Hahns Worte sinnierend. Es hieß also abwarten, was die kriminaltechnischen Ermittlungen ergeben würden.

Die Jagd sollte trotz der aktuellen Vorkommnisse am nächsten Tag fortgesetzt werden, so hatten es die Jagdgäste beschlossen, ich musste daher einen klaren Kopf behalten. »Die Menschen sind nicht immer das, was sie scheinen, aber selten etwas Besseres«, verabschiedete ich mich dann auch relativ rasch von der Runde und zog mich ebenfalls auf mein Zimmer zurück.

Georg blickt auf und schaut in das kleiner werdende Feuer. »Ja, das Gleiche gilt auch für uns. Ich habe für heute genug vorgelesen. Es sollte reichen, wenn wir morgen früh rausgehen. Morgen Abend erzähle ich weiter, falls dich überhaupt noch interessiert, wie die Geschichte endet.« Er legt das Manuskript zur Seite, prüft noch einmal, ob seine Büchse trocken ist, stellt unsere Schuhe neben den Kamin und wünscht mir eine gute Nacht, während ich die vollen Aschenbecher ins Feuer schütte, die leeren Flaschen forträume und auf den Hund, der vor die Tür gelaufen ist, warte. Als er mit der Rute wedelnd endlich wieder im Türrahmen erscheint, schließe ich rasch hinter ihm die Hüttentür und verkrieche mich ebenfalls in meinen Schlafsack. Das prasselnde Feuer ist längst in sich zusammengesunken und nur noch ein Haufen rot glimmender Glut.

Konflikt in der Wildnis: Rivalität und Neid unter Jägern

Siebter Kaminabend:
Und weiter ging die Jagd
oder: Ameisen kennen die Wahrheit …

Den Vormittag verbringen wir am Fluss und blinkern. Das Wetter ist ideal, aber kein Hecht beißt. Nach vier Stunden geben wir auf, schlendern zurück zur Hütte und machen es uns wieder vor dem Kamin gemütlich.

»Der vollkommene Angler kommt auch nicht immer mit vollem Netz nach Hause«, spiele ich auf das Buch an, das ich für die Tage in der Jagdhütte als Lektüre mitgenommen habe. »Dem vollkommenen Waidmann geht es ebenso.«

Helle Flammen springen prasselnd nach links, nach rechts und züngeln in bläulich grünen Lichttönen an den gewaltigen Holzscheiten empor. Es knackt, flimmert, lodert, schimmert und leuchtet unruhig. Draußen tobt erneut ein Unwetter. Das Heulen des Sturmes dringt durch die geschlossenen Fensterläden, und das Feuer inspiriert Georg, trotz Müdigkeit weiter vorzulesen.

»Wo habe ich denn gestern aufgehört?«

»An eurem dritten Drückjagdtag«, helfe ich ihm auf die Sprünge, und nach kurzem Überlegen trägt er weiter aus dem Manuskript von der außergewöhnlichen Russland-Jagdreise vor:

Es war unser vorletzter Jagdtag in Gagarin. Die Wetteraussichten schienen vielversprechend. Ich saß trotz der teils tragischen, teils rätselhaften Vorkommnisse zuversichtlich wieder als Erster am Frühstückstisch. Die Luft im Zimmer war unangenehm stickig. Ich stand auf, öffnete die Fenster und ließ den würzigen Geruch des Waldes und die herbstlich kühle Morgenluft herein. Noch träumten Wald, Moor und Heide in dunkler Dämmerung, erfüllten nur die funkelnden Sterne das Firmament. Feuchte Morgenkühle streifte wohltuend frisch meine Wangen. Nach geraumer Zeit tauchte die hinter dem Wald zu erahnende aufgehende Sonne die höchsten Baumwipfel in ein unwirklich erscheinendes zartes rosiges Licht, das sich langsam von Osten Richtung Westen verteilte, Büsche und Sträucher vor dem Jagdhaus in ein zauberhaftes Meer von Farben verwandelte.

Vom noch fast schwarzen Firmament erschall das Rufen ziehender Wildgänse. Lange, nicht enden wollende Flüge, die in immer neuen Wellen über den blassen Himmel Richtung Westen wanderten. Bald würde ich ihnen folgen. Die grauen Geschwader würden im Frühling wieder zurückkehren. Nachdenk-

lich lauschte ich den krächzenden, heiseren Rufen der Wanderer zwischen zwei Welten. Würde ich auch noch einmal in dieses Land, in dem mein Vater umgekommen war, zurückkehren? Der Krieg lag nun schon so lange zurück, und über Borovoi war im wahrsten Sinne des Wortes längst Gras gewachsen. Die unberührte Wildnis, die ursprüngliche urige Jagd, abseits geharkter Pirschsteige und isolierter Schlafkanzeln, mit Jagdfreunden wie Eugen und Alexander würde ich sehr vermissen. Sie sind für mich wirkliche Jäger, die wissen, wie man dem Wild nachstellt, ging es mir immer wieder durch den Kopf. Mit ihnen durch diese Wälder zu streifen und zu jagen, das entspricht den Vorstellungen, die ich von Jagd immer gehabt habe. Aber darf ich mich an Jagdgesellschaften verkaufen? Gegen meine Erziehung, gegen meine Überzeugung mit Männern jagen, deren Einstellung ich im Grunde verabscheue?

Kaum hatte ich mich wieder an den Frühstückstisch gesetzt, brachte Swetlana einen Becher mit dampfend heißem Kaffee. Sie trug eine altmodische, geblümte Kittelschürze, als wollte sie gleich mit dem fälligen Hausputz beginnen. Selbst so früh strahlte die treue Person mit ihrem verdrossenen, bitteren Blick, der gerunzelten Stirn und der misslaunig gekrausten Nase etwas Würdevolles aus. Stumm schaute sie mir in die Augen, so traurig, so niedergeschlagen, dass ich mich am liebsten auf der Stelle abgewendet hätte, weil ich ahnte, sie wollte etwas Unangenehmes loswerden.

Ich fühlte, dass sie etwas bedrückte, sie mir etwas mitteilen wollte, aber sich nicht so recht traute, als wartete sie in einer Schlange und wollte sich nicht vordrängen. »Was ist, Sweta?«

»Jäger nix gute Mensch«, lächelte sie schließlich verkrampft mit dünner, hoher Stimme, holte tief Luft, wollte etwas hinzufügen, schwieg dann aber, ging mit gesenktem Kopf fort und schloss die Fenster. Die Gänserufe verstummten, und Swetlana eilte mit flinken Schritten zurück in die Küche.

»Jäger?«, raunte ich leise, »welche Jäger? Wen meinte sie? Gäste oder einheimische Helfer? Einen oder mehrere Jäger?« Ich war mir sicher, Swetlana wusste mehr, um das Geheimnis um den Schuss auf Bronck und den gewilderten Keiler zu lüften.

Schweigend setzte sich Ortwin Breccler zu mir und rührte mit dem Löffel lustlos in einem randvollen Teller Müsli. Er war mit seinen Gedanken ganz woanders. Schließlich erschien auch Christian Hahn auf der Bildfläche. Er hatte die vergangene Nacht besser verkraftet als sein Jagdfreund, obwohl bei ihm der Abend auch deutliche Spuren hinterlassen hatte. Die Fahne, die mir ins Gesicht schlug, fasste die Vorgeschichte in drastischer Kürze zusammen: Er strömte einen intensiven körpereigenen Geruch aus, eine unangenehme Mischung aus Alkohol und Schweiß. »Endspurt und Kaiserwetter, mal sehen, was wir heute auf den Boden kriegen«, gab er voll froher Erwartung zum Besten, umfasste mit beiden Händen den vor ihm stehenden Becher Kaffee und starrte mit rot unterlaufenen Augen angewidert auf den bis zum Rand gefüllten Teller vor Breccler.

Dann gesellten sich Graf Bronck und Karl Prettenkamp zu uns, und endlich fand sich auch der Konsul ein. Bevor er sich setzte, schaute er auf seine Uhr und schimpfte: »Dass diese verdammten Italiener nie pünktlich sein können! Wenn der Kerl in fünf Minuten nicht da ist, fahren wir ohne ihn ab!« Luigi hatte offenbar mal wieder verschlafen.

Um weiteres Ungemach zu vermeiden, sprang ich auf und eilte in den ersten Stock. Laut pochte ich an Luigis Schlafzimmertür. Keine Antwort. Noch einmal, lauter, länger. Keine Resonanz. Auch auf mein Rufen hin war kein Lebenszeichen zu vernehmen. Vorsichtig drückte ich die Klinke. Die Tür war nicht verschlossen. Ich betrat den Raum. Das Zimmer war leer, Luigi nicht da. Sein Bett war unbenutzt. Zögernd ging ich ins Badezimmer. Muffige Luft schlug mir entgegen. Unsicher griff ich nach den Handtüchern – sie waren alle trocken. Entsetzt lief ich zurück, rief, schrie durch den kahlen, dunklen Flur der oberen Etage: »Luigi, wir wollen los!« Kein Echo. Ich hastete die Treppe hinunter, nahm zwei, drei der abgewetzten Stufen auf einmal und stürzte in den Essraum: »Luigi ist nicht in seinem Zimmer!« Ich holte tief Luft und erklärte: »Er war die ganze Nacht nicht da, sein Bett ist unberührt!«

Ratloses Schweigen. Unsicher blickten sich die Männer gegenseitig an und zuckten mit den Schultern.

»Von diesem gottverlassenen Ort kann man doch nicht einfach so verschwinden?!«, stöhnte Hahn.
»Du bist noch jung, hast den Krieg nicht mitgemacht. Ich sage dir, Russland ist verflixt groß. In Russland ist alles möglich, frag Ortwin, was wir hier alles durchgemacht haben«, äußerte sich Bronck.
»Der Bursche liegt irgendwo besoffen unter 'nem Baum«, kommentierte Prettenkamp.
»Oder mit einem der Weiber im Bett«, giftete Meier gehässig.
Die Bemerkung des Konsuls hatte ich schon fast nicht mehr gehört, ich rannte auf den Hof, wo Eugen mit seiner Mannschaft wartete. »Der Conte ist weg, verschwunden! Ich habe überall nachgesehen! Was sollen wir nun tun? Wir müssen ihn suchen!«, sprudelte es nur so aus mir heraus.
Eugen blieb gelassen. »Keine Angst, wir finden Conte!«
Mit einer kurzen Kopfbewegung beorderte er Vitalek und Boris zu sich und verschwand mit ihnen im Haus. Als die drei durch das Frühstückszimmer stürmten, griente Meier noch: »Der Iwan soll mal Raissa fragen, die hat ihn doch bestimmt gesehen!« Er klatschte erbost seine Papierserviette auf den Tisch.
»Wir müssen die Sache systematisch angehen«, schlug Hahn vor. »Wann hat Luigi uns gestern Abend verlassen? Ob er zu Dunsja, Raissa oder Maria gegangen ist, wird sich ja verdammt noch mal feststellen lassen.«
»Wenn der Kerl nicht bald auftaucht, können wir die Jagd jedenfalls vergessen«, war Meiers größte Sorge.
Prettenkamp wanderte fünf Schritte nach rechts, fünf nach links, blieb stehen, holte tief Atem, als hätte er etwas Wichtiges zu sagen, ging wieder fünf Schritte nach rechts, fünf nach links, bis Eugen die Treppe heruntergepoltert kam.
»Graf nicht im Haus!«
»Nix Graf«, bestätigte auch Alexander schulterzuckend. Er hatte mit Sascha die nächste Umgebung des Jagdhauses abgesucht. Von Luigi kein Lebenszeichen. Die Männer schwiegen, bis Hahn mit etwas ruhigerer Stimme fortfuhr:
»Wann ist Luigi fortgegangen? Ein Mensch kann nicht einfach mir nichts, dir

nichts verloren gehen!« Bronck konstatierte erneut: »Ich kenne dieses Land aus dem unseligen Krieg, hier ist vieles möglich. Aber du hast recht, auch in Sibirien kann sich ein Mensch nicht in Luft auflösen, irgendwo muss er schließlich geblieben sein.«

Eugen schwang sich in den Lada und gab kurze und präzise Anweisungen: »Vitalek, Kolja, ihr geht Straße Südosten, Sascha und Boris suchen Weg Südwesten. Georg und ich fahren Borovoi.«

Ich setzte mich neben ihn ins Auto. Bronck kauerte bereits auf der Rückbank. Da kam Meier angehumpelt, quetschte sich neben Bronck, und wir rasten los. Vor der großen Matschpfütze hielt der Oberjäger an. Im feuchten Lehm standen Reifenabdrücke, sonst waren keine Spuren oder Fährten zu erkennen. Zehn Minuten später kamen wir zu der Stelle, an der wir vor ein paar Tagen die Waffen eingeschossen hatten. Wir sprangen aus dem Auto und umkreisten, konzentriert den Boden mit unseren Blicken absuchend, den Platz, an dem der Tisch gestanden hatte. Nichts. Der Karton lag noch dort, wo Sascha ihn hingeworfen hatte. Im Gras waren zwar Autospuren zu erkennen, aber nichts, was auf Luigi hätte schließen lassen können. Wir suchten weiter.

Stille. Nur hoch aus dem Himmel rief ein Adler seinen herrischen Gruß hinab zu den unendlichen Wäldern, Mooren und Heideflächen.

»Krow, Krow! Blut, Blut!«, dröhnte plötzlich Eugens Stimme durch die Abgeschiedenheit des Waldes. Ich rannte zu ihm, und er zeigte auf eine kleine Blutlache am Boden. Beim flüchtigen Betrachten wirkte sie, als hätte dort ein Stück Wild im Wundbett gelegen.

Der Bewuchs war platt getreten, Gras und Klettenbüsche waren niedergetrampelt. An einem Weidenbusch fand ich abgestreiftes Blut, und mir rann es kalt wie Eiswürfel das Rückgrat hinunter.

In großem Bogen, die Blicke starr zu Boden gerichtet, umschlugen wir die Stelle. So intensiv wir aber auch forschten, nichts Außergewöhnliches, kein Anhaltspunkt, woher der Schweiß stammen konnte.

»Wilderer?«, fragte ich. Eugen schüttelte den Kopf, und resigniert gingen wir zurück zum Auto.

Auf der Fahrt zum Jagdhaus griff Meier hinter die Rückbank und zog eine karierte Jacke hervor. Er legte sie auf seine Oberschenkel, glättete sie versonnen mit den Handflächen, entfernte einige Kletten an den Ärmeln und stammelte dann so unvermittelt und laut, dass wir erschreckt zusammenfuhren: »Wie kommt die Jacke hierher? Luigi hat sie in die Kiefer gehängt, als wir unsere Gewehre eingeschossen haben, und sie dann vergessen. Ich habe nichts gesagt, weil ich ihn später mit seiner Vergesslichkeit aufziehen wollte.«

Bronck riss ihm die Jacke aus den Händen, vergewisserte sich, dass es die des Italieners war, nickte wie zur Bestätigung und reichte sie Eugen. Der fühlte die Taschen ab. Sie waren leer. »Wie kommen Jacke hierher?«, murmelte er mehr zu sich als zu den anderen.

Keine Spur vom Conte

Als wir zum Jagdhaus zurückkehrten, waren die beiden anderen Suchtrupps längst eingetroffen. Luigi war nicht aufgetaucht. Keine Spur, kein Lebenszeichen von ihm. Vitalek und Kolja hatten frische Stiefelabdrücke gefunden, ohne Zweifel von einer weiblichen Person, und waren ihnen gefolgt. Sie führten nach Osten und dann im großen Bogen zurück zum Haus.

Sascha und Boris waren ein paar Hundert Meter hinter den Gebäuden auf drei Elche gestoßen und hatten daraufhin die Suche abgebrochen, weil sich dort in den letzten Stunden gewiss kein Mensch aufgehalten hat, sonst wäre das Wild nicht so vertraut gewesen.

Wieder breitete sich Ratlosigkeit aus.

»Vielleicht hat es ihn noch mal zu der Stelle gezogen, an der er seinen Lebenshirsch erlegt hat?«, überlegte ich laut und erzählte von Luigi und den Tränen in seinen Augen, als wir neben dem Feuer bei den abgekochten Trophäen standen.

»Fahren an Stelle«, beschloss Eugen und brummte zu Sascha, er möge das Auto holen. Kurz darauf heulte der Motor des olivgrünen, über und über mit hellem Lehm bespritzten Geländewagens auf. »Auto wieder schmutzig«, schimpfte Eugen und setzte sich auf den Beifahrersitz. Bronck und ich zwängten uns zu Alexander auf die Rückbank.

Als Kolja die rechte Hintertür öffnete, um auf die Reservebank zu springen, kam Meier angeschnauft: »Halt, halt, ich fahre auch mit!«, rief er und quetschte sich ebenfalls auf die schmale Bank.

Langsam rumpelte der Wagen an von Sturm und Feuer geschaffenen Freiflächen vorüber, quälte sich durch Espen- und Weidengestrüpp an einem mit Birken bestockten, sumpfigen Schilfgürtel entlang, durch von Elchen verbissene, endlos erscheinende Wälder. Immer weiter, immer weiter ging es in die grenzenlose Einsamkeit.

Die urwüchsige Landschaft wird noch von der Natur regiert, ist urtümlicher, wilder, natürlicher, gewaltiger als im dicht besiedelten Westeuropa.

Der Mensch hat ihr noch nicht den Stempel der Zivilisation aufgedrückt, ging es mir durch den Kopf. Genervt ergriff ich eine im Fußraum des Wagens auf dem Boden hin und her rollende leere Patronenhülse. Kaliber .375 Holland & Holland. Die Kugel, mit der der italienische Adelige seinen letzten Hirsch gestreckt hat? Ich steckte sie schweigend in meine Jackentasche.

Nach einer guten halben Stunde erreichten wir das Moor, wo Conte Tacoli den 22-Ender erlegt hatte. Seitdem war hier aber kein Mensch mehr gewesen. Keine Spur, nicht der kleinste Hinweis, so sorgfältig wir die Umgebung auch absuchten.

Die Sonne schien kalt vom trüben Himmel. Dichte Wolken zogen auf, als das Auto schließlich wieder Richtung Jagdhaus rollte.

Als wir noch einen knappen Kilometer von unserem Domizil entfernt waren, meldete sich Alexander schüchtern neben mir: »Chef, wenn am Schießplatz Blut, ich finde Spuren immer. Nur Spuren von Adler kann ich nicht folgen.«

»O.k., fahren dorthin«, willigte Eugen nach kurzem Überlegen ein. Hektisch riss Sascha den Schalthebel nach hinten, der Rückwärtsgang grüßte mit einem lauten Knarren des Getriebes, der Wagen wendete, und wieder ging es zurück dorthin, wo wir die Gewehre eingeschossen hatten, in den schweigenden, meilenweiten, unergründlichen Urwald, vorüber an einem wahren Dschungel aus riesigen Farnwedeln und hohen, schlanken Birkenstämmen, die wie eine weiße, undurchsichtige Wand erschienen.

Nach einer langen halben Stunde hielt der Wagen erneut. Alexander, der in stoischer Ruhe aus dem Autofenster gestarrt hatte, stieß die Tür auf, sprang hinaus, zündete sich eine Zigarette an, betrachtete das »Wundbett« und schaute sich dann lange in alle Richtungen um. Jeden Strauch, jeden Baum, jeden Busch musterte er genau. Konzentriert wanderten seine Blicke von Zweig zu Ast, von Staude zu Grasbüschel. Auf seiner Stirn bildeten sich tiefe Querfalten. Er fuhr sich mit der derben Hand über das struppige Kinn, dass es hörbar kratzte, dachte nach, zog lange an seiner Zigarette, die in seinem Mundwinkel hing, kniete dann nieder und murmelte: »Nur Vogel lässt keine Spuren auf Boden.«

Schließlich kroch der Jagdführer um die Blutspritzer herum, erhob sich, zündete sich die nächste Zigarette an und folgte, den Blick starr geradeaus gerichtet, einer für uns nicht sichtbaren Spur in dem verfilzten, niedrigen Bewuchs aus Gras, Schilf und Kletten. Wir trotteten schweigend hinterher.

Nach ungefähr 100 Metern tauchten wir in den Schatten mächtiger Nadelbäume ein. An einer lichten Stelle standen mehrere Holunderbüsche. Dort hatte ich gesessen, nachdem ich auf die Überreste von Borovoi gestoßen war. Da schimpfte Alexander plötzlich laut: »Prawda! Tschortu, zum Teufel!«, und er hielt so plötzlich inne, dass ihn Eugen, der dichtauf folgte, beinahe umrempelte.

Als ich nachfolgte und neben den beiden stand, sah auch ich die aufgerichtete Sohle eines braunen Lederstiefels aus dem bräunlichen Bewuchs lugen. Daneben waren die Umrisse eines menschlichen Körpers zu erkennen, bedeckt von durcheinanderkrabbelnden, unter- und übereinander hin und her wuselnden Waldameisen, eine Masse aus hektischen, schwarzbraun glänzenden Krabbeltieren. Schmeißfliegen brummten trotz der Kälte davon. Behutsam entfernte Eugen nach sich unendlich lang anfühlenden Schrecksekunden mit zwei, drei Handstrichen die dünne Nadelspreu, und jegliche Hoffnung, das alles wäre vielleicht nur ein böser Traum, wurde mit einem Schlag vernichtet. Nun kam ans Tageslicht, was wir alle insgeheim befürchtet hatten: das bleiche Gesicht unseres Jagdfreundes aus Italien.

Unterhalb seines Kehlkopfes hatte sich eine dunkelrote, verkrustete Stelle gebildet. Der Pullover des Toten war um den Einschuss herum schwarz, verkohlt. Der Ausschuss über dem linken Schulterblatt hatte eine grauenvolle Wunde gerissen, in der bunte Schmeißfliegen umherkrabbelten. An der rechten Körperseite war Blut heruntergeronnen und hatte sich rotbraun über das Herbstlaub am Boden ergossen. Hose und Pullover waren mit Kletten übersät.

Neben dem Leichnam ragte vor einem riesigen Ameisenhaufen unter verdorrtem Farnkraut in einer Lache aus dunkelrotem Blut das Ende eines Gewehrschaftes aus dem Waldboden.

Es war bei Gott nicht der erste Tote, den ich in meinem Leben gesehen hatte. Trotzdem musste ich gegen die aufsteigende Übelkeit ankämpfen und mich zwingen, ihn zu betrachten. Ich fühlte einen unerträglichen Druck in der Magengegend und versuchte, den bitteren Geschmack in meinem Mund herunterzuschlucken. Meine Knie wurden weich. Ich hatte Mühe, standhaft zu bleiben und sich wirr durch meinen Kopf jagende Gedanken zu ordnen. Noch wollte ich nicht glauben, dass es wirklich Luigi war, der da vor uns im braunen Laub lag, die Beine angewinkelt, die Arme ausgestreckt, die Hände zu Fäusten geballt. Er, der so lebenslustige Mann aus der Toskana, tot, hier im fernen, kalten Russland. Wie konnte das Schicksal diesen lebensfrohen Menschen aus dem warmen Italien in den frostigen Wäldern von Gagarin enden lassen?

Alexander wendete sich angeekelt ab, legte die Handflächen auf seinen Bauch und würgte. »Do stu piorunów!«, fluchte er leise, faltete die Hände und bekreuzigte sich viele Male nach altrussischer Art.

Bronck verzog keine Miene, begnügte sich mit einem Achselzucken.

Es fiel kein einziges Wort mehr – Totenstille ...

Eugen war der Erste, der allmählich seine Sprache wiederfand. »Conte schießen auf sich?«, murmelte er fragend. Niemand gab eine Antwort.

Quälendes Schweigen. Was hätten wir auch sagen sollen?

Wie in Trance nahm ich die Büchse – es gibt nichts Stilleres als ein geladenes Gewehr – und öffnete den Verschluss. Die Waffe war leer. Ich schloss sie wieder und lehnte sie an eine dicke Kiefer.

Plötzlich kniete Meier nieder. Er streichelte über das erstarrte, eiskalte Gesicht des Toten, als könnten seine warmen Hände es zum Leben erwecken, wischte die krabbelnden Ameisen von dessen Kopf, griff unter die Schultern des Toten, versuchte den Oberkörper anzuheben und ließ ihn wieder auf den Boden sinken.

»Ich hätte nachgeben sollen«, schluchzte der Konsul fast unhörbar. Er schaute wie ein gebrochener alter Mann zu uns auf und kam nur mühsam wieder auf die Füße. Tränen liefen ihm die Wangen hinunter. »Lasst uns Luigi zum Auto tragen, diese furchtbaren Ameisen ...«

»Zurück nach Jagdhaus«, unterbrach Eugen, »bitte, nichts anfassen, bis Miliz kommt.« Seine Stimme erlaubte keinen Widerspruch. Trotzdem befahl er noch einmal: »Nichts anfassen, dawai, dawai, fahren alle nach Jagdhaus.«

Meier glotzte wie paralysiert vor sich hin. Er war mit seinen Gedanken ganz woanders und schüttelte nur den Kopf: »Ich hätte es nicht tun dürfen. Er hat sich aus lauter Verzweiflung erschossen, und ich habe Schuld daran«, flüsterte er, als wir alle wieder im Auto saßen.

Das Herbstlaub einiger Bäume prangte noch in den leuchtendsten gelben und rostroten Farben. In der Mehrzahl aber vermittelte es mit seinen dunklen, braunen Tönen bereits eine Stimmung des Abschieds. Bald würden die Blätter absterben, um im Frühling wieder neu zu sprießen, erneut aufzuleben und Zuversicht zu vermitteln, wie es in der Natur seit Menschengedenken geschieht, Jahr für Jahr, Generation für Generation. Diese Zuversicht empfand ich wie einen Zuspruch in der grauen Trostlosigkeit, die uns in diesem schweigsamen Wald umgab, eine Zuversicht und Hoffnung, die die Menschen Unglück, Schicksale, Abschiede leichter überwinden lässt.

Der Wald gibt keine Antwort

Als das Auto langsam wieder auf den Hof rollte, stürzte Karl Prettenkamp uns entgegen, lief neben dem Wagen her und riss, noch bevor dieser zum Stehen kam, die Beifahrertür auf. »Die Polizei ist immer noch nicht da!«, keuchte er aufgeregt, während wir gemeinsam ins Haus gingen.

Blankes Entsetzen auf den Gesichtern der wartenden Jäger, als Eugen dann von dem grausigen Fund im Wald berichtete. Es war mucksmäuschenstill im Zimmer.

»Luigi war nicht der Typ, der sich wegen Geld erschossen hätte, verdammte Scheiße. Er war intelligent und kontaktfreudig. Jeder, der ihn kannte, mochte ihn. Es muss was anderes dahinterstecken. Selbst der sensibelste Mann richtet sich nicht aus Freude. Luigi war ein realistischer Mensch«, murmelte Ortwin Breccler nach langen Augenblicken der Stille und kaute nervös auf seiner Unterlippe. »In Deutschland werden jedes Jahr Tausende Selbstmorde begangen, es gibt dreimal mehr Selbstmörder als Verkehrstote, die Gründe sind oft nicht bekannt.«

»Und er hatte sich so über seinen Hirsch gefreut«, flüsterte Bronck, wischte sich mit seinem grünen Taschentuch den Schweiß von der Stirn und zündete sich eine Zigarette an.

»Stimmt es, dass er die Verträge mit euch gekündigt hat? Mich geht es ja nichts an, aber bevor ich losfuhr, hat man in Deutschland darüber gemunkelt«, forschte Prettenkamp mit zusammengekniffenen Augen nach.

Der Konsul wirkte merklich verstört, und Broncks Gesicht wurde um eine Nuance bleicher. Er holte tief Luft, rang nach Worten, schluckte hörbar, nickte und blickte betreten zu Boden, als Prettenkamp nachschob: »Ohne die Lamboretti SPA wäre dein Laden doch schon lange pleite.«

Dann räusperte sich Meier. »Ich, äh, also«, begann er leise, stockend, er kam mir vor wie ein kleiner Junge, der etwas Schlimmes ausgefressen hatte und sich nicht so recht traute, es seiner Mutter zu sagen. Etwas lauter, flüssiger erzählte er dann, dass die italienische Firma seit Längerem in finanziellen Schwierigkeiten steckte, die Lage des Unternehmens bereits dramatisch war, er selbst nicht unerhebliche Beträge vorgeschossen hatte, die Banken aber inzwischen auf Rückzahlung der Kredite drängten.

»Während des Flugs nach Russland hatte mich Luigi gebeten, ihm die Zinsen für seine Kredite zu stunden. Hätte ich es ihm doch bloß zugesagt, aber meine Geduld war wirklich am Ende. Er hat das Geld immer mit vollen Händen ausgegeben, sich dann auch noch an dem idiotischen Bauprojekt mit Christian beteiligt, obwohl ich ihm abgeraten hatte, die Schwierigkeiten mit der Steuerbehörde waren vorauszusehen. Und ich hatte ihm schon so oft geholfen. Er allerdings hatte daraufhin nur geschimpft und gedroht, er würde allerlei über meine Firma ausplaudern. Vor drei Tagen rief meine Bank aus Deutschland an, Luigi hätte einen Wechsel über 250.000 Euro platzen lassen.« Während er sprach, sank Meier immer tiefer in sich zusammen.

»Deswegen bringt man sich doch nicht gleich um, verdammt«, stellte Bronck nüchtern fest, »wieso sprecht ihr eigentlich alle von Selbstmord?«

»Wenn es kein Selbstmord war, müsste ja einer von uns der Mörder sein«, gab ich zu bedenken. »Hier leben im weiten Umkreis sonst keine Menschen. Die Gegend gilt als militärisches Sperrgebiet und wird von Soldaten überwacht. Wer sich nach Gagarin verirrt, muss mit ziemlichen Strafen rechnen. In Russland ist man damit nicht kleinlich. Der Kreis der Verdächtigen wäre also überschaubar. Die Frage aller Fragen ist: Warum nur, warum? Wenn die beantwortet ist, ist auch klar, wer es war.« Der Wald gab keine Antwort. Die endlose russische Einsamkeit schwieg.

Während wir diskutierten, huschte Raissa vorbei. Mit ihr hatte sich Luigi besonders gut verstanden. Sein Tod musste auch ihr nahegegangen sein, überlegte ich, folgte ihr durch den dunklen Flur und klopfte an die Zimmertür, hinter der die junge Frau verschwunden war. Zaghaft erklang es: »Da sachodite! Herein!«

Die hübsche Dolmetscherin saß auf ihrem Bett, starrte mit verweinten Augen, den Kopf in die Handflächen gestützt, aus dem Fenster und schluchzte, so traurig, so niedergeschlagen, dass ich das Zimmer am liebsten gleich wieder verlassen hätte. Ich ahnte, ich konnte ihr nicht helfen, setzte mich dann aber trotzdem neben sie und legte meinen Arm um ihre Schultern. Minutenlang saßen wir einfach nur stumm nebeneinander. Meine Blicke wanderten in dem kleinen Zimmer umher. Über einem grob zusammengehauenen Tisch hing eine Ikone, ein Heiligenbild, wie ich es oft in den ärmlichen Holzhäusern der russischen Landbevölkerung gesehen hatte: das Gesicht einer engelhaften Madonna auf rubinrotem Hintergrund mit einem prunkvollen, riesigen, leuchtenden Heiligenschein. Der pathetische, verklärte Gesichtsausdruck dieser Mutter Gottes in dem schweren goldenen Holzrahmen erschien mir an der Grenze zwischen Schönheit und Kitsch.

Am Kopfende des Bettes stand ein Metallgestell, darauf in einem Lederrahmen ein verblichenes Foto von einem Mann, in der Ecke ein olivfarbener Blechschrank aus der Zeit, als das Militär noch in Gagarin stationiert war, darauf ein Blumentopf mit einer immergrünen Pflanze und neben dem Schrank ein Holzschemel, auf dem mehrere 100-Euro-Scheine lagen. Wie viele es waren, konnte ich nicht erkennen, aber es waren auf jeden Fall 100-Euro-Scheine, ein kleines Bündel, für einen Russen, besser eine Russin, in dieser entlegenen Gegend ein ziemliches Vermögen in einer fremden Währung, wunderte ich mich.

»Wann hast du Luigi das letzte Mal gesehen?«, unterbrach ich schließlich das Schweigen und starrte immer noch zu den Banknoten. Raissa hatte es sehr wohl bemerkt.

»Gestern Abend. Er hatte seine Jacke in Borovoi vergessen, als ihr Gewehre eingeschossen habt. Gestern fiel es ihm ein. Er wollte sie holen und dann wieder zu mir kommen. Ich ganze Nacht auf ihn gewartet, aber er kam nicht.« Entsetzt riss Raissa die Augen weit auf, hielt eine Hand vor ihren geöffneten Mund, als hätte sie etwas Falsches gesagt, holte tief Luft und blinzelte die Tränen weg. »Bitte, bitte, lass mich jetzt allein!«, wimmerte sie, und ich verließ wie geheißen das Zimmer.

»1.000 Euro?« Ungläubig fragte Eugen noch einmal nach, als ich von dem Geld auf dem Hocker sprach. »Vielleicht auch weniger oder mehr, ich habe sie ja nicht gezählt. Es schienen alles neue Scheine zu sein«, antwortete ich.

»Ich Raissa fragen, woher kommt Geld.« Damit wendete sich Eugen ab. Ich hörte ihn die Treppe hinaufsteigen, lief hinterher, folgte ihm aber nicht in das Zimmer, sondern blieb im Türrahmen stehen.

Die junge Frau saß noch immer auf dem Bett. In ihren Augen schimmerten Tränen, doch sie hielt den Kopf aufrecht, und die Tränen fielen nicht.

»Woher hast du das Geld?«

Erschreckt riss Raissa die Hände hoch und verbarg ihr Gesicht. Mit dieser Frage, kaum dass der Oberjäger den Raum betreten hatte, hatte sie nicht gerechnet. »Welches Geld?«, stammelte sie verunsichert.

»Raissa, bitte sag mir oder willst du, dass Miliz dich mitnimmt?«

»Welches Geld?«

»Euro-Scheine von Schemel«, wurde Eugen nun deutlicher.

»Was für Euro-Scheine?«, stotterte sie noch einmal, schien gegen eine neue Tränenflut anzukämpfen und sprang auf.
»Ich keine Ahnung, wovon redest du? Du Scheine versteckt!«
»Woher weißt du, dass dort Geld gelegen?«
Eugen war sich sicher, dass ich mich nicht getäuscht hatte, dass wirklich Geldscheine auf dem Hocker gelegen hatten. »Raissa, willst du, ich rufen Miliz?«, drängte er noch einmal.
»Bitte nein, bitte nein!« Sie setzte sich wieder aufs Bett und strich sich mit dem Handrücken eine schwarze Strähne aus der Stirn. Sie konnte die Tränen kaum noch zurückhalten.
»Wem hast du das Geld gestohlen?«, insistierte Eugen eindringlich.
»Ist nicht meins, ist Vitalek«, schluchzte sie.
»Vitalek??« Einen Moment lang verschlug es Eugen die Sprache. Wie vom Donner gerührt blickte er auf den Schemel, auf dem der Stapel Banknoten gelegen hatte. »Vitalek?«, fragte er noch mal nach, »woher er hat so viel Geld?«
»Ich weiß nicht, ich weiß nicht!«, brach Raissa nun verzweifelt in Tränen aus. Völlig aufgelöst, konnte sie keinem von uns beiden mehr in die Augen schauen, sondern fixierte mit ihrem Blick ihre Zehenspitzen.

Raissa – eine heiße Spur?

Eugen drehte sich um, nickte mir zu, und wir gingen hinunter zu den anderen, die sich alle vorm Kamin versammelt hatten. Da saßen wir nun, und wieder lastete diese erdrückende, nahezu fühlbare Stille im Raum. Quälende Mutmaßungen, stumme Fragen, aber keine Antworten darauf, stattdessen Grübeln, heimliche Verdächtigungen und verstecktes Misstrauen.
»Schweigen ist eine der größten Künste der Konversation, Schweigen ist das einzige Argument, das sich nicht widerlegen lässt«, meditierte Bronck in die Stille hinein und erntete damit ärgerliche Blicke. Bis Swetlana zum Abendessen bat, hatte keiner von uns mehr das Bedürfnis zu reden.
Ich hatte Mitleid mit Raissa und wollte sie in ihrem Kummer nicht allein lassen. Nach dem Essen zog es mich noch einmal zu ihr. Sie kauerte immer

noch zusammengesunken auf dem Bett. Ihre Augen waren gerötet, das Gesicht wirkte eingefallen. Ich setzte mich zu ihr, legte behutsam meine Hand auf ihr Knie, doch sie wendete sich abrupt ab. Ihr entsetztes Kopfschütteln wirkte echt.

Da entdeckte ich eine Hose in der Ecke des Zimmers auf dem Fußboden unter dem Tisch, eine Hose im Camouflage-Muster, wie sie früher die Soldaten trugen, heute aber auch viele Jäger als Tarnkleidung nutzen, eine über und über mit Kletten behaftete Männerhose. Mit Sicherheit gehörte sie nicht Raissa, auch Luigi besaß keine tarnfarbene Kleidung. Sie wäre ihm zu plebejisch gewesen, er bevorzugte hochwertige Designerklamotten. Ich hatte das Kleidungsstück vorher nicht gesehen, sprang auf, ergriff es und stürmte damit zu Eugen, der vor dem Jagdhaus stand, um frische Luft zu schöpfen.

»Ist von Vitalek«, stellte Eugen fest, als er die Hose in die Hand nahm, und blickte gedankenverloren zum Himmel, als erwartete er von dort eine Antwort. Nach einer stillen Pause schüttelte er dann den Kopf, wendete sich ab, und ich ging wieder hinein ins Jagdhaus. Dort saßen die anderen noch immer vor dem Kamin und diskutierten lebhaft über die Frage, durch wen Luigi zu Tode gekommen sein mochte.

Wirklich Selbstmord?

»Menschen, die ihrem Leben ein Ende setzen, leiden meist unter Depressionen, standen vorher häufig unter Stress, doch Luigi liebte das Leben. Er wäre nie auf die Idee gekommen, sich zu erschießen. Warum auch? Wegen des Geldes? Leute, die beliebt sind, haben Neider. Vielleicht wollte sich jemand an ihm rächen?«, gab Breccler zu bedenken.

»Was spricht gegen einen Unfall? Für die Polizei kein Problem, das herauszufinden«, wiegelte Hahn verlegen ab.

»Er war überzeugter Katholik ... Wenn er tatsächlich erschossen wurde, war es jedenfalls keiner von uns«, zweifelte Meier vorsichtig und ergänzte bekräftigend: »Warum auch sollte ihn ausgerechnet einer von uns ermordet haben?« Fragend blickte er in die Runde.

»Himmel Sakrament, warum wollte mich denn jemand erschießen?«, brauste Bronck auf. »Wenn Menschen nur über das sprächen, was sie auch begreifen, würde es sehr still auf dieser Erde werden«, resümierte er, drückte müde seine Zigarette im Aschenbecher aus, stand auf und prostete uns zu. Er war der Älteste der Gruppe, und er war es nicht gewohnt, viel Alkohol zu trinken. Sein Gesicht wirkte eingefallen, sein Haar schien in den letzten Stunden um einige Schattierungen weißer geworden zu sein. »Die Mitte der Nacht ist auch der Anfang eines neuen Tages«, verabschiedete er sich mit einem artigen Diener und verließ, ohne ein weiteres Wort zu verlieren, das Zimmer. Erneut breitete sich diese bedrückende Stimmung vor dem Kamin aus.

»Worüber nur mag der Alte immer mit Luigi diskutiert haben? Ich habe gehört, wie er ihm gedroht hat«, unterbrach Christian Hahn das Schweigen. Er drehte sich nach allen Seiten um, als fürchtete er, dass noch andere es gehört haben könnten, wog den Kopf und lehnte sich, erwartungsvoll unsere Gesichter fixierend, zurück. Niemand reagierte. Hahn ließ nicht locker. Unruhig fuhren seine Hände über die Tischplatte. »Es könnten doch auch ganz andere Elemente ihre Finger im Spiel gehabt haben. Habt ihr gesehen, dass dieser Alexander ein nagelneues Swarovski-Glas hat? Das Ding kostet definitiv über 3.000 Euro. Und ist euch aufgefallen, dass der Kerl die teuersten Klamotten von allen trägt? Wenn die Gäste selbst nichts erwischen, dann verkloppt er ihnen die Knochen, die er gewildert hat. Ist doch ein herrliches Zubrot. Wie könnte er sich sonst so ein Fernglas und die teure Kleidung leisten? Wenn der mal nicht mit unserem sauberen Oberjäger unter einer Decke steckt. Je mehr wir schießen, desto mehr kassieren die. Ihr glaubt nicht, was ich alles über die Russen gelesen habe, den Burschen darf man einfach nicht trauen.«

»Da könnte was dran sein«, unterstrich Meier Hahns Ausführungen. Erzürnt meldete sich Prettenkamp zu Wort und verteidigte den Jagdführer: »Er ist eben der beste Mann im Stall und bekommt die meisten Trinkgelder. Außerdem bin ich mir sicher, es war ohnehin keiner von unseren Russen. Die hätten doch längst Luigis Büchse verschwinden lassen. Erinnert euch, Alexander sagte, die Jungs würden für so eine Knarre durchaus einen Mord begehen.«

»Wer mit einem Finger auf andere zeigt, zeigt mit drei Fingern auf sich«, unterbrach Breccler gereizt. »Hört auf mit diesen Spekulationen. Sie führen doch zu nichts. Wenn sich der Nebel, der die wahren Hintergründe dieser Tat verhüllt, endlich verzogen hat, werden wir klarer sehen, vielleicht auch eine Antwort finden auf die Frage: Wer steckt dahinter?« Er erhob sich und schritt, die Hände tief in seinen Hosentaschen vergraben, wieder nervös vor dem Kamin auf und ab, auf und ab, auf und ab. Hahn schniefte und wischte sich mit dem Ärmel seines Pullovers über die Nase.

»Denk an deinen Elch vom letzten Jahr, Ortwin. Da hat der Bursche auch gelogen, abgestritten, er hätte dich überredet, zu schießen. Garantiert wollte er den Hirsch verschwinden lassen und von dir ein sattes Schweigegeld kassieren.«

»Hör doch auf mit diesen ewigen Verdächtigungen, Christian«, ereiferte sich Breccler, »ich könnte dir ja auch die dubiosen Immobiliengeschäfte vorwerfen, die du mit Luigi gemacht hast. Schämen solltest du dich!«

Aus Freundschaft wurde Feindschaft

Die anderen hatten sich längst in ihre Schlafzimmer zurückgezogen. Ich blieb noch vor dem Kamin sitzen, starrte ins prasselnde Feuer und ließ in Gedanken den Schuss auf Bronck, das grauenvolle Ende von Mitja und das des Contes, die von uns entdeckte Sau, die Konstellationen zwischen den russischen Jägern und meinen Jagdgästen wieder und wieder Revue passieren.

Wer konnte Interesse an Luigis und Broncks Tod gehabt haben? Bestand etwa ein Zusammenhang zwischen den Taten?
Sollte der Italiener sich nicht selbst gerichtet haben, wäre es ein ziemlich perfekter Mord. Die fleißigen Waldinsekten hätten den Leichnam in wenigen Wochen beseitigt, verzehrt, fortgetragen, nur Knochen, Haare oder Kleidungsreste wären zurückgeblieben. Wenn es aber kein Suizid war, wer war dann der Täter? Welches Motiv hatte er? Wurde Luigi erpresst, oder hat er selbst jemanden erpresst, was dann seinem Todesurteil gleichgekommen sein mochte? Immerhin hatte Hahn Luigi wegen dieser Immobiliengeschäfte gedroht. Wollte er Kapital aus Luigis Situation schlagen, oder sah er seine eigene Existenz bedroht und war schlicht und einfach durchgedreht? Oh mein Gott!
Meine Gedanken wirbelten durcheinander. Waren wir nicht eine verschworene Gemeinschaft? Nein! Bei Geld und kriminellen Geschäften hört auch die dickste Freundschaft unter Jägern auf.
Ich hatte den Italiener gemocht. Nicht, dass er mein Freund gewesen wäre. Aber gemocht, immerhin gemocht hatte ich ihn, was ich längst nicht von allen Teilnehmern der Jagdgesellschaft behaupten konnte. Der Conte, wenn auch nicht der typische Latin Lover, so doch der südländische Exot, hatte mit seinem Charme die Herzen der Frauen im Sturm erobert, die Trophäen erbeutet, deretwegen man zwar nicht ausgezogen war, die aber für Meier und ihn genauso erstrebenswert waren wie Geweihe, Gehörne oder starke Keilerwaffen. Meier hatte sich mit der viel älteren Maria vergnügt. In ihrem schlichten, blauen Leinenkleid, dem rot-weißen Tuch aus Kunstseide und den dunkelblonden, schulterlangen Locken, die ihr Gesicht mit den ausgeprägten Wangenknochen, dem makellosen Teint und den vollen Lippen umrahmten, war Maria eine aparte, natürliche Erscheinung, wenn auch keine Schönheit im eigentlichen Sinne. Nagte es an Meiers Selbstbewusstsein, dass der Italiener ihm bei der weitaus attraktiveren Raissa zuvorgekommen war, und konnte er die kränkende Niederlage einfach nicht verwinden?
Und welche Rolle mochte Dunsja, die kokette junge Köchin, in diesem Trio spielen? Sie wurde im vergangenen Jahr auch von den beiden umworben und

bewundert. Sie hatte ebenfalls mehr Sympathien für Luigi als für Joachim. Das Verhältnis zwischen den drei lebensfrohen Damen war auf der ersten Jagdreise mit Kulturprogramm harmonisch. Alle hatten sich gut amüsiert. Nun aber wirkte die Beziehung unter den Frauen ziemlich unterkühlt. Spielten Liebe, Eifersucht oder gar Missgunst und damit verbunden Rachegefühle eine Rolle, weil eine der drei sich zurückgesetzt fühlte? Keiner der Teilnehmer der Jagdgesellschaft hatte sich über diese Art »Jagd«, die Schürzenjagd des Conte, geäußert, hätte es doch die eigene Niederlage offenbart, aber jeder hatte sich so seine Gedanken gemacht.

Unmöglich! Wirklich unmöglich? Sei es, wie es sei – ich kam immer mehr zu der Überzeugung: Bei den Frauen könnte das Motiv auch zu suchen sein.

Meier wollte den Toten, bevor die Miliz kam, vom Unglücksort zum Jagdhaus bringen. Hoffte er, damit Spuren verwischen zu können? Auch diesen Gedanken verwarf ich. Die Bestürzung über den Tod seines Geschäftspartners war bei Meier gewiss nicht gespielt. Seine Trauer, den Eindruck hatte ich, war echt. Doch wer weiß schon, was vorher zwischen den beiden vorgefallen war. Freundschaft war jedenfalls in Feindschaft, Freundlichkeit in Aggression umgeschlagen. Oder waren die Gründe für das Zerwürfnis doch wirtschaftliche Probleme?

Missgunst, Eifersucht und auch Jagdneid entspringen derselben Wurzel. Man muss nur tief genug in die Herzen der Jäger sehen. Aber wer vermag schon wirklich in das Herz eines Jägers zu blicken ...?

Das Verhältnis zwischen Ferdinand von Bronck und dem italienischen Grafen hatte sich ja am Ende auch deutlich abgekühlt. Beide waren Geschäftspartner von Meier. Trotzdem hatte Bronck sich mit dem Italiener mehrmals zurückgezogen und erbittert mit ihm diskutiert. Seine geschäftliche Existenz hing also offensichtlich mit dem Conte zusammen. Andererseits konnte es ihm finanziell nicht schlecht gehen. Als Breccler im letzten Jahr den falschen Elch erlegt hatte, hatte der Graf seinem alten Kriegskameraden großzügig unter die Arme gegriffen. Er versprach, für den Fehlabschuss geradezustehen, und überwies prompt 2.000 Euro, als Eugen mit einem Anwalt drohte.

Hatte er, wie von Christian Hahn vermutet, selbst in die Rückenlehne des Hochsitzes geschossen, um von irgendetwas abzulenken? Auch das erschien mir absurd. Den Gedanken, dass dieser seriöse Gentleman in einen Mord hätte verwickelt sein können, verdrängte ich sofort wieder.

Weshalb aber hatte sich ausgerechnet Ortwin Breccler an den letzten Abenden als Erster zurückgezogen? Er war sonst meistens der Letzte, der zu Bett ging. Das angeblich gefehlte Kalb und der Keiler ohne Gebräch ließen mich ebenfalls nicht zur Ruhe kommen.

Über Hahn versuchte ich mir auch immer wieder ein genaueres Bild zu machen. Er war ein sehr realistischer Mensch, aber auch sehr opportunistisch, nahm es mit der Ehrlichkeit nicht so genau, sonst hätte er nicht versucht, Alexander zu überreden, ihm die Gewehre des starken Keilers zu überlassen. Wollte er seinem Pirschführer diesen »Verrat« nun heimzahlen? Oder hing es mit diesen seltsamen Immobiliengeschäften zusammen, in deren Zusammenhang die Staatsanwaltschaft in Italien noch immer ermittelte.

Nachdenklich kramte ich die Messinghülse, die ich im Lada gefunden hatte, aus meiner Tasche. An dem Morgen, an dem Luigi den Hirsch erlegt hatte, war er mit Alexander in einem anderen Auto unterwegs. Wie gelangte die leere Patrone in den Lada? Stammte sie überhaupt aus Luigis Büchse? Wer aber mochte hier sonst eine Waffe in diesem Kaliber führen?

Die Schmauchspuren auf Luigis Pullover sprachen dafür, dass der Schuss auf ihn aus nächster Nähe abgefeuert worden war. Hätte er sich selbst gerichtet, müsste die leere Hülse in der Büchse stecken, brütete ich.

»Jäger nix gute Mensch«, hatte die alte Köchin beim Frühstück gesagt. Ich würde sie morgen fragen, wen sie konkret meinte, beschloss ich.

Ich starrte in das fast erloschene Feuer, versuchte an etwas anderes zu denken, bevor mich die Grübeleien nur noch mehr verunsicherten, aber die Unzahl an ungelösten Fragen ließ mich einfach nicht los. Müde begab auch ich mich schließlich ins Bett. »Wenn es Tag ist, hat der Mensch bessere Gedanken«, hatte meine Großmutter oft gesagt. Mit dieser Erinnerung schlief ich schließlich ein.

Spurensuche

Am nächsten Morgen traf ich Eugen und Alexander hinter den Wirtschaftsgebäuden, wo die Geweihe an einem wackligen Drahtzaun zum Bleichen hingen. Auf mindestens zwölf Jahre schätzte Eugen das Geweih von Luigis Hirsch. Alexander war überzeugt, die amtliche Bewertung der Trophäe würde über 200 Punkte ergeben. Mich beschäftigte jedoch etwas ganz anderes: »Was ist Vitalek für ein Mann?«, versuchte ich herauszufinden.

»Keine Ahnung, kommt von Moskau. Er hier Fahrer und Monteur, zwei Monate, Freund von Mitja«, erinnerte sich Eugen und fuhr fort: »Doch etwas kann nicht stimmen. Wir kommen aus Wald, Vitalek waschen Auto sauber. Aber Auto wieder schmutzig mit Lehm, wenn wir fahren wieder in Wald. Hier hell Lehm nur in große Loch auf Weg in Wald, sonst nix hell Lehm in Gagarin. Vitalek muss noch mal an Schießstand gewesen sein, darum Auto schmutzig.«

»Wieso sollte er noch einmal dorthin gefahren sein?«, zweifelte ich.

»Luigi wollte mit ihm Jacke holen. Beide kriechen in Büschen, Jacke von Luigi voll Kletten, Hose von Vitalek in Zimmer Raissa voll Kletten. Oder Kampf Vitalek und Luigi? Lass uns gehen zurück zu Jagdhaus. Warten, bis Miliz hier.«

Warten auf Miliz

Der Tag verging, ohne dass die Miliz gekommen war. Kolja? Vitalek? Sascha? Mitja? Breccler? Prettenkamp? Bronck? Hahn? Meier? Fragen über Fragen, Verdächtigungen, Vermutungen, Ungewissheit. Die Stimmung hätte kaum angespannter sein können, die Nerven aller waren bis zum Zerreißen gespannt. An diesem Abend trennten wir uns ungewöhnlich früh. Als sich die anderen zurückgezogen hatten, saßen Eugen und ich noch lange grübelnd vorm Kamin: »Glaubst du auch, dass jemand aus unserer Gruppe auf den Keiler geschossen hat? Alexander behauptet, die Schussverletzung wäre schon zwei Tage alt. Ich kann mir nicht vorstellen, dass es einen Zusammenhang zwischen dem Schuss auf Bronck und dem auf die Sau gibt. Und warum wird Hahn so aggressiv, wenn wir über Luigis Tod sprechen? Ich verstehe das Ganze nicht.«

Eugen starrte ins Feuer, war mit seinen Gedanken ganz woanders. »Spokojnej nocy«, verabschiedete er sich wenig später.« Ich fand keine Ruhe, grübelte und wälzte mich in meinem Bett von einer Seite auf die andere. Die Geisterstunde war längst verstrichen, als ich endlich einschlief.

Georg und mir waren vor Müdigkeit immer wieder die Augen zugefallen. Der Freund steht auf, öffnet Fensterläden und Tür, um Sauerstoff in den Raum zu lassen, und reckt sich ausgiebig. »Bitte, sei nicht enttäuscht, aber lass uns für heute Schluss machen.« Ich willige ein, ungern, aber schließlich kann ich den müden Freund ja nicht zwingen weiterzulesen.

Diva läuft lustlos hinaus in den Regen, erscheint aber nach wenigen Minuten wieder, und obwohl ich kaum erwarten kann, wie die Geschichte in Sibirien ausgeht, schlüpfen wir in unsere Schlafsäcke, und ich schlafe tief und traumlos bis zum frühen Vormittag.

Tragisches Ende: Die Gefahren der Jagdleidenschaft

Achter Kaminabend: Wenn Angelegenheiten zu regeln sind

oder: Das Ende einer Jagdreise

Groteske Jägerwelt

Der Regen hat auch über Nacht nicht nachgelassen. Selbst der Hund macht keine Anstalten, freiwillig die Hütte zu verlassen, und wir verbringen den Tag mit Aufräumen und Saubermachen, Holzhacken und Lesen.

Es ist noch hell, als ich das Feuer im Kamin wieder anzünde, einen ordentlichen Vorrat Holz neben den Rost staple und mich zufrieden davorsetze. Funken stieben. Ein glühendes Holzstück hüpft aus den Flammen und verglimmt dicht neben Diva in den Borsten der Sauschwarte. Die Hündin bemerkt es nicht, schläft entspannt weiter.

Georg hat mir versprochen, das Ende des Manuskripts über seine Reise vorzulesen. Aber zunächst erzählt er von nicht alltäglichen Ereignissen auf seinen Reisen:

»Ich habe als Jagdführer gelernt, mit außergewöhnlichen Situationen, schwierigen Jagdgästen und skurrilen Beschwerden umzugehen, und musste viele kritische, mitunter lebensgefährliche Situationen meistern.

Ich denke da an die drei fröhlichen Ehepaare in Rhodesien, denen bei einer dieser Fünf-Sterne-Safaris, wie ich sie nenne, der Sekt im Camp in der Savanne zu warm war und der eigens für sie ins Lager geflogene Hummer nicht schmeckte. Die Herrschaften erwarteten am Ende der Safari von mir einen Preisnachlass.

Eine Safari nach Botsuana musste ich abbrechen, weil der Ehefrau eines Gastes die Moskitos nicht zuzumuten waren.

Im Buschmannland in Namibia hatte ein Großwildjäger, als eine Maus über sein Feldbett huschte, einen so gewaltigen Schreck bekommen, dass er sich weigerte, den Rest der Nacht in dem Zelt zu schlafen.

In Polen beschwerte sich ein Gast, weil ihm die Dolmetscherinnen nicht attraktiv genug waren, und in Tansania monierte ein anderer, dass in der Steppe keine Kanzeln standen und Wildäcker fehlten.

Ein anderes Mal verliebte sich in mich die Frau eines Kunden, was für mich zwar schmeichelhaft war, aber wahrlich nicht zur guten Laune des Ehemannes beitrug. Ein anderes Mal verletzte sich ein Jäger so schwer, dass er unter abenteuerlichen Bedingungen aus dem Camp in die Zivilisation gebracht werden musste, und ein anderer Gast verirrte sich am ersten Abend unserer Safari, als er nach dem Sundowner die Umgebung des Lagers auf eigene Faust erkunden wollte. Er wurde erst spät in der Nacht gefunden und wollte die Reise aus lauter Verzweiflung beenden.

In Bulgarien prahlte ein Kunde, er hätte bereits fünf kapitale Rothirsche an der Wand, da wäre nun nur noch Platz für einen Hirsch mit geringer Auslage, aber neun Kilogramm sollte das Geweih schon wiegen. Auch über Jagdgäste und ihre Erlebnisse mit Skorpionen bzw. Schlangen könnte ich ganze Bücher schreiben.

Du siehst, ich habe auf meinen Reisen viel erlebt und habe selbst die exzentrischsten Gäste begleitet. Geistesabwesend blättert Georg in seinen Aufzeichnungen.

Dass während einer Safari auf einen Teilnehmer geschossen wird, war mir jedoch bislang erspart geblieben. Ich konnte, ich wollte es mir nicht vorstellen.

Und dann durchfuhr es mich damals siedend heiß. Hatte vielleicht einer meiner Mitbewerber auf dem umkämpften Markt der Jagdreisevermittlung seine Finger im Spiel und versuchte mich durch perfide Art und Weise auszuschalten? Manchen Konkurrenten ist jedes Mittel recht, um an den Pfründen der Wildbestände Gagarins zu profitieren. Die Konkurrenz ist unerbittlich, nicht nur im Geschäft mit Keramikartikeln oder Immobilien, auch bei der ›Handelsware Trophäe‹. Im Geiste sah ich vor mir bereits reißerische Titelzeilen in deutschen Gazetten: *Jagdreise mit mörderischem Ausgang! Welche Rolle spielt Baron von B.?*« Ohne mein Echo auf seine Gedankenspiele abzuwarten, wendet sich Georg wieder seinem Manuskript zu.

»Wo waren wir gestern stehen geblieben, ach ja, bei meinem Gespräch mit Eugen am Feuer. Ich bin dann zu Bett gegangen, nicht wahr?« Ich nicke ihm aufmunternd zu, und nach kurzem Blättern in seinem Manuskript liest Georg weiter vor:

Nachdem wir uns am Frühstückstisch wieder versammelt hatten, fuhr ein Geländeauto vor. Drei mürrische Männer in adretten braunen Uniformen und eine ältere Frau mit einer zerschlissenen Aktentasche unter dem Arm stiegen aus und verschwanden mit Eugen hinter den Wirtschaftsgebäuden. »Protokoll machen«, erklärte der Oberjäger, als sie wieder erschienen. Wir wurden mit Handschlag von den Beamten begrüßt, dann verzog sich die Kommission in das obere Stockwerk. Zurück blieb eine verunsicherte, misstrauische Jagdgesellschaft.

Bronck zündete, kaum dass er seine Zigarette erst halb aufgeraucht hatte, eine neue an und betrachtete nervös die vergilbten Geweihe an der Wand. Prettenkamp wanderte in dem verqualmten Raum fünf Schritte nach links, fünf Schritte nach rechts, fünf Schritte nach links, fünf Schritte nach rechts. Die Regelmäßigkeit seiner Bewegungen, einem Newton-Pendel ähnlich, schien trotz Prettenkamps innerer Unruhe die angespannte Beklommenheit im Raum etwas abzumildern. Trotzdem schlich die Zeit nur schleppend dahin. Das untätige Warten wurde allmählich zur Qual.

Breccler riss wieder und wieder den Arm hoch und schaute auf seine Armbanduhr, als könnte er so das Ende des Protokolls beschleunigen. Wie aus heiterem Himmel räusperte er sich plötzlich lauthals, als hätte er sich verschluckt. »Ich muss euch was gestehen«, sagte er, setzte sich, schaute erwartungsvoll in die kleine Runde und fuhr stoßweise, in kurzen Sätzen fort: »Das Geld, das in Raissas Zimmer auf dem Schemel lag, gehört tatsächlich Vitalek. Er hatte es von mir. Ich habe den Keiler geschossen, vorgestern, im zweiten Treiben. In meinem Revier gibt es doch kein Schwarzwild. Sauen sind aber meine ganze Passion. So einen Urian hatte ich zuvor noch nie gesehen. Mir sind die Nerven durchgegangen, als ich den Wahnsinnsbrocken vor mir hatte. Ich konnte mich einfach nicht beherrschen.«

Er stand auf, ging nervös auf und ab und setzte sich dann wieder. »Ich hatte nicht damit gerechnet, dass die Sau nach dem Schuss noch weit laufen würde, und erzählte Vitalek von der Geschichte. Der versprach, ›die Sache zu regeln‹, und ich versprach ihm Geld für sein Angebot.

Vitalek fand den Bassen, löste die Waffen aus, und ich gab ihm 500 Euro Schweigegeld. Ich wollte die Keilerwaffen später nach Deutschland schmuggeln. Als Vitalek hörte, die Polizei würde kommen, fuhr er noch einmal zum Keiler, um eventuelle Spuren zu verwischen. Ich weiß, es war eine Riesensauerei von mir, aber 4.000 Euro Abschussgebühren hätte ich nie und nimmer bezahlen können, meine Frau hätte mich erschlagen ...«

Verwirrte Betroffenheit. Verlegen schauten wir uns an. Man hätte eine Nadel zu Boden fallen hören.

»›Die Wahrheit ist immer das stärkste Argument‹, sagte der griechische Dichter Sophokles ...« »Jetzt fängst du auch noch an mit diesen idiotischen Zitaten«, ärgerte sich Meier über Ortwin Breccelers tiefsinnigen Nachsatz.

Die Wahrheit kommt ans Licht

Endlich, fast eine halbe Stunde war bereits mit »Protokoll machen« vergangen, stieß Eugen wieder zu uns. »Komm bitte, dawai.« Er wollte mit mir unter vier Augen reden, und ich folgte ihm im Laufschritt zum Auto. Auf der Rückbank flüsterten zwei Polizisten miteinander. Kaum war ich eingestiegen, die Tür stand noch halboffen, gab der Oberjäger Gas und raste im Affentempo los. Die zugewucherten Wege in dem von Menschenhand sonst unberührten Gelände, durch das wir nun donnerten, waren nur zu erahnen. Seit langer Zeit war hier jedenfalls kein Auto mehr entlanggefahren. Geschickt umging Eugen trotz der hohen Geschwindigkeit unter einem grünen Grasteppich verborgene tiefe Schlaglöcher und wich großen Steinen aus. Die rasante Fahrt ging durch urige Erlenwälder und endete abrupt unter einer hohen Kanzel. Eugen und die Polizisten sprangen aus dem Auto und umkreisten sie mit gesenkten Köpfen.

»Tatsächlich!«, entfuhr es einem der Uniformierten unvermittelt, er bückte sich und hob ein Stück Holz hoch. Dann beugte er sich erneut zum Boden, hielt, als habe er einen Schatz geborgen, ein zweites Holzstück in der Hand und sammelte kurz darauf weitere Teile ein. Es waren durchgebrochene Leitersprossen.

»Guck hier, tief eingesägt, ist Sitz von Luigi, wo ist runterstürzen mit Mitja«, erklärte Eugen.

Ich schaute den Oberjäger kopfschüttelnd an. »Mitja? Warum, um alles in der Welt sollte gerade der die Leitersprossen angesägt haben, er kannte Luigi doch gar nicht, hatte ihn, bevor er nach Gagarin kam, noch nie gesehen.«

Ratlos zuckte Eugen mit den Schultern.

Von der hitzigen Diskussion zwischen den Polizisten und dem Oberjäger verstand ich leider auf der rasanten Rückfahrt zum Jagdhaus kein einziges Wort.

Dort erzählte ich den anderen Jägern, die gespannt auf unsere Rückkehr gewartet hatten, von unserer Exkursion. Es war bereits Nachmittag, als endlich die Küchentür aufschwang. Eugen, die Dolmetscherin und die drei Polizisten kamen herein. »Nehmen Sie Platz, bitte schön«, bat uns der Wortführer der Beamten höflich.

Wir waren bis zum Äußersten gespannt, was die stundenlangen Verhöre der russischen Jäger, des anderen Personals und die weiteren Nachforschungen der Miliz ergeben hatten. Auf wen konzentrierte sich nun die Tätersuche? War es einer von uns?

Nervöse Blicke, fast gespenstische Stille. Endlich eröffnete der Chef der Kommission die Sitzung. Die Dame mit der Aktentasche schaute ein wenig hilflos in die Runde, betrachtete ihre rot lackierten Fingernägel und schwieg.

Breeeler zog zittrig an seiner Zigarette. Hahn saß kreidebleich in seinem Sessel und tippte hektisch mit seinen Fingern auf die Armlehne. Graf Bronck wischte sich mit seinem grünen Taschentuch nicht vorhandenen Schweiß von der Stirn. Prettenkamp hatte den Kopf in seine Handflächen gestützt und wartete seelenruhig die Vernehmung ab.

Das Finale

»Mein Name ist Ladislaus Smerdjakoff, und ich habe alle Informationen, bin von Geheimpolizei«, stellte sich der Mann vor. Ohne uns in die Augen zu blicken, fuhr er fort: »Italienischer Conte hatte seit zwei Jahren Verhältnis mit Dolmetscherin Raissa.«

Das war uns ja nicht neu. Doch als der Polizist fortfuhr, verschlug es mir fast den Atem. »Raissa seit fünf Jahren mit Vitalek verheiratet.«

Nach einem kurzen Blick in die Runde sprach der Polizist weiter: »Vitalek hatte herausbekommen, dass seine Frau ihn betrügt, und er bat Busenfreund Mitja, Ausreisepapiere zu besorgen, um nach Italien fahren und Rivalen unschädlich machen.« Entgeistert blickten wir uns gegenseitig an. Mit einer solchen Konstellation hatte keiner von uns gerechnet.

»Vitalek fuhr nach Rom, doch Plan, den Conte bei einem Autounfall sterben zu lassen, misslang. Er musste unverrichteter Dinge zurück nach Moskau«, führte der Polizist nun weiter aus. »Vitalek wusste von Frau, die als Dolmetscherin für ausländische Gäste arbeitete, dass Conte wieder zur Jagd nach Gagarin kommen würde. Er und Mitja bewarben sich als Monteur und Fahrer, und Vitalek manipulierte Leitersprossen von hohe Kanzel, von wo er starken Hirsch beobachtet hatte, den Luigi schießen sollte. Doch Rechnung ging nicht auf. Italiener hatte wieder Glück im Unglück, kam mit blauem Auge davon. Eifersüchtige Ehemann ließ nicht locker. Auf Drückjagd fast gelungen, Konkurrenten zu beseitigen. Schuss auf Bronck sollte nämlich Italiener gelten. Vitalek hat ihn abgegeben. Er nicht wissen, dass Bronck und Luigi Stände getauscht.

Luigi, er nicht ahnte, dass Vitalek Ehemann von Geliebte, bat, am Schießplatz vergessene Jacke zu holen. Dort hat Vitalek Conte umgebracht. Um Spuren zu beseitigen, schleppte er Toten zu Ameisenhaufen, damit gefräßige Insekten ihn schaffen für immer aus der Welt.

Als Vitalek mitbekommen, dass Eugen uns angerufen hatte, verlor Nerven, befürchtete, dass Intimus Mitja über Sache redet. Und in der Tat: Mitja hatte Machenschaften von Kumpel satt und Swetlana von angesägten Leitersprossen erzählt, damit Italiener herabstürzt. Komplett vergessen war jahrelange Beziehung. Vitalek kannte Mitja gut, wusste, Konto bei ihm – wenn man so will –, Konto der Freundschaft war überzogen. Auffüllen nicht möglich. Er musste kündigen, Mitja musste verschwinden.

Gelegenheit kam, als Männer arbeiteten am Auto und ungeliebter Mitwisser lag unter Fahrzeug.«

»Woher wollen Sie das alles so genau wissen?«, begehrte Graf Bronck auf.

»Nun, wäre Unfall gewesen, weil Werkzeug versagt, wie wir angenommen hatten, hätte Wagenheber neben Toten gelegen. Wir ihn aber in den Büschen gefunden. Vitalek hatte ihn, damit Auto auf Mitja fällt, mit Tritt ins Gebüsch gestoßen. Lada sackte nach unten. Knackendes Geräusch, Stöhnen, vielleicht Schrei, Stille. Gewicht von Wagen Mitjas Brust eingedrückt. Er sofort tot. Gibt nix Zeugen. Dumm von Vitalek, dass er Wagenheber nicht zurückgeholt und unter Auto gelegt, wir hätten vielleicht Unfall geglaubt.«

Der Blick des Polizisten schweifte aus dem Fenster und verlor sich nachdenklich in den dunklen Wäldern, dann sagte er abschließend:

»Hätte Mörder die Jacke gelassen in Borovoi und gewaschen das Auto nach Rückkehr vom Tatort, wäre Verbrechen wahrscheinlich nie gekommen ans Licht.« Wir schwiegen.

Georg lässt die letzte Manuskriptseite auf den Blätterstapel gleiten, schaut mich an und sagt recht lapidar: »Ende der Geschichte.« Er hält sich die Hand vor den Mund und gähnt. »Lass uns schlafen gehen. Morgen ist auch noch ein Tag. Wenn du willst, können wir uns dann weiter unterhalten, ich penne gleich ein.«

Ich schweige, hätte jetzt gerne noch viel mehr über die Reise erfahren, aber Georg steht auf und verkriecht sich wortlos in seinem Schlafsack. Ich werfe einen Arm voll Holz in den Kamin, damit der Raum über Nacht nicht auskühlt, lasse den Hund vor die Tür und begebe mich dann ebenfalls zur Nachtruhe.

Abschied am Kamin: Reflexion und Ausklang
einer acht Tage währenden Erzählung

Letzter Kaminabend:
Kommerz – Trauma des Waidwerks
oder: Zurück zu den Wurzeln

Am Morgen verspüren wir nach dem langen, verräucherten Abend in der Hütte das Verlangen nach frischer Luft. Der Orkan war zum Sturm, der Sturm zum Wind abgeflaut. Ein bewaffneter Spaziergang ist angesagt.

»Früher gingen wir zu dieser Zeit mit unseren Hunden über die Felder und jagten Rebhühner«, erinnert sich Georg. »Schau, diese Flinte habe ich meinem Sohn geschenkt, als er mit 16 Jahren seinen ersten Jagdschein löste. Zwischenzeitlich hat er Forstwissenschaft studiert. Ich glaube, das Gewehr hat er seitdem nicht mehr in der Hand gehabt.« Die Zeiten des Niederwildes sind unwiederbringlich vergangen. Jäger schießen Füchse während der Aufzuchtzeit der Welpen. Ganze Gehecke werden unter dem Vorwand der Hege ausgelöscht, um auf ausgesetzte Fasanen und Rebhühner zu schießen. In anderen Ländern versteht man unter nachhaltigem Artenschutz, Lebensräume aufzuwerten.« Wir sind uns auch hierin einig: Der Untergang der Niederwildbesätze bedeutet auch das allmähliche Verschwinden unserer hervorragenden Vorstehhunde, schon jetzt ist ein Großteil von ihnen »arbeitslos«.

Es beginnt auf einmal zu nieseln, aus dem leichten Sprühregen wird rasch ein anhaltender Schauer. Außer uns scheint kein Lebewesen in der Umgebung so unvernünftig zu sein, sich aus dem Bett oder Bau, der Sasse oder dem Kessel, dem Nest oder Horst zu bewegen. Trotzdem schlage ich vor, nach Enten zu schauen. Bei dieser Witterung drücken sich die Breitschnäbel gerne unter den tief hängenden Zweigen der alten Weiden am Ufer des kleinen Flusses.

Vorsichtig nähern wir uns dem Wasser, nehmen die Flinten von den Schultern, knien auf den Boden und kriechen tief gebückt weiter. Diva ist genauso gespannt wie wir. Sie erinnert die Prozedur, die in den letzten Jahren so oft erfolgreich war, bleibt ohne mein Einwirken zurück, lässt uns aber nicht aus den Augen.

Wir haben Glück, nach drei Schüssen treiben eine Ente und ein Erpel auf dem Wasser stromabwärts, und meine Schweißhündin holt sie ans Ufer.

Trotz der ungemütlichen Witterung setzen wir uns unter eine Erle, rupfen unsere Beute und freuen uns, dass das Abendbrot gesichert ist. Fast noch mehr freue ich mich darüber, dass Georg verspricht, mir noch mehr über seinen Job als Jagdreisebegleiter zu erzählen.

Die drei schweren Scheite, die säuberlich aufgestapelt neben der Feuerstelle lagen und die ich ins verglimmende Feuer geworfen habe, bringen nach unserem frühen Abendessen die Glut noch einmal in Bewegung. Zischende Stichflammen brechen aus dem knallenden Holz hervor, zucken auf, werfen ihren roten Schein auf den Boden weiter und huschen schließlich über das Gesicht meines Mitbewohners, als wir beide wieder vor dem Kamin kauern.

Der Abend wird lang und länger. Die Vorräte geistiger Nahrung haben rapide abgenommen, als wir uns schließlich müde wieder in unsere Schlafsäcke wickeln.

Am nächsten Morgen rüttelt der Wind an den geschlossenen Fensterläden, braust und röhrt um unsere Hütte. Sturm und Regen haben nicht nachgelassen. Kaum zu unterscheiden, ob es Eicheln oder Regentropfen sind, die aufs Dach der Hütte prasseln.

»Bei dem Sauwetter hat es wenig Zweck rauszugehen, das Wild kann seine Sinne nicht optimal nutzen, ist verunsichert. Sturm löst menschliche Duftwolken schnell auf, verweht und verteilt sie und beeinträchtigt das Wahrnehmen und Orten von Geräuschen. Lass es uns doch lieber hier in der Hütte gemütlich machen«, versuche ich Georg zu überreden. »Rehböcke kommen nicht ans Bett des Jägers«, belehrt er mich, gibt sich dann aber doch geschlagen. Ich freue mich, noch einmal mit ihm vor dem Kamin sitzen zu können, seinen Geschichten zu lauschen und mich mit ihm über unsere gemeinsame Passion, das Waidwerk, auszutauschen, und es ist das Feuer, das unsere Gedanken beflügelt, nicht zur Ruhe kommen lässt.

»Du wolltest noch mehr über das Jagdreisegeschäft erfahren, jetzt weißt du, womit ich mich beschäftige. Ich habe wunderbare Safaris organisiert, unvergessliche Stunden mit passionierten, gebildeten Herren am Feuer verbracht, gleichwohl gab es auch Enttäuschungen und Betrügereien. Menschen, die viel Geld haben, aber nicht jagen können, sind meine Kunden, Menschen, die wenig Geld haben, aber jagen können, meine Freunde«, sinniert Georg und fährt fort: »Als die Jagdgäste aus Gagarin abgereist waren, erwartete ich, vorm Kamin des Jagdhauses noch ein wenig meinen Gedanken an die ereignisreichen vergangenen Tage nachhängend, bereits die nächste Gruppe. Auch sie war voll freudiger Erwartung. Die Neuankömmlinge hatten gute Vorsätze, schwärmten von ihrer Passion und Erfahrung, aber am Ende der Reise relativierte sich auch hier so manches wieder.« Es folgt eine lange Pause. Nur das Knistern der Glut ist zu hören.

Dann unterbreche ich das Schweigen: »Deine Geschichte hat mich betroffen gemacht. Ich weiß, wie alles, was sich dieser Welt stellen muss, ist auch die Jagd umstritten, ihr ursprüngliches Wesen wird nicht immer verstanden, sogar häufig böswillig verleumdet. Dennoch: Menschen waren immer Jäger! Ihre Motivation, ihre Einstellung zur Natur, zur Kreatur, zu ungeschriebenen Gesetzen der Schöpfung ist stets einem Wandel unterworfen. Ich habe jedenfalls eine andere Vorstellung von Jagd als viele deiner Gäste. Wenn eine Katze oder ein Kauz das Recht hat, eine Maus zu fangen, ein Löwe oder Leopard eine Gazelle zu reißen, dann maße ich mir an, das Recht zu haben, einen Hasen oder Hirsch zu schießen. Ich fühle mich dabei nicht als Herr über die Natur, sondern als Teil von ihr.«

Was kommt? Was bleibt?

Wieder hängen wir unseren Gedanken nach, bis Georg endlich weiterspricht. Seine Worte klingen beinahe wie eine Rechtfertigung:

»Oft denke ich an den Rat von Carlos aus Venezuela: ‚Träume nicht dein Leben, lebe deinen Traum! Spring über deinen Schatten, hör auf zu träumen, mach einfach mal etwas wirklich‘, hatte er gesagt. Wäre ich seinem Rat nicht gefolgt, hätte ich mein Leben lang das Gefühl gehabt, etwas falsch gemacht, etwas versäumt zu haben. Ich bin über meinen Schatten gesprungen. Ich weiß, es waren Träume, die ich gelebt habe. Ich habe in einer Traumwelt verharrt. Erzählungen über meine Vorfahren, von denen ich die Leidenschaft für Natur, Tiere und Pflanzen geerbt habe, und die Überreste des Gefangenenlagers Borovoi haben mich aus diesen Träumen gerissen.

Ich dachte, als ich meine Jagdleidenschaft zum Beruf machte, ich würde die Passion mit Menschen, die dieselbe Einstellung zur Natur, zur Jagd haben, dieselben ethischen Ansprüche an sich und das Waidwerk stellen, teilen. Ich hatte gute und schlechte Zeiten, die guten überwiegen, aber was kommt, was bleibt? Eines Tages wird alles wieder gut, ist meine Hoffnung, meinen Enkeln werde ich von einer heilen Welt erzählen«, resümiert der Freund.

Ich will ihn unterbrechen, doch dann fühle ich, er will sich noch etwas von der Seele reden.

»Meine Begeisterung für die Jagd ist ungebrochen, aber meine Begeisterung für das Geschäft mit der Jagd ist verloren gegangen. Ich werde das Kapitel *Jagdreisen mit Kulturprogramm* aus meinem Leben streichen. Gewiss, ich werde weiter jagen, dem Wild und der Natur helfen, sie hegen, schützen und mich über Trophäen freuen. Wenn der starke Hirsch den Zenit des Lebens überschritten hat, der alte Löwe siecht, der Büffel die Fortpflanzung junger Nachfolger in der Herde verhindert, werde ich sie mit gutem Gewissen erlegen, weil es sinnvoll ist. Vergleiche es mit einem Landwirt, der massenweise hübsche Blumen für sein Vieh mäht, mähen muss, weil es notwendig ist. Köpft er aber gedankenlos eine Blume am Wegesrand, vergeht er sich am Leben.

Ich habe viele Safaris hinter mir und Trophäen nach Hause gebracht. Nach dieser Russland-Reise waren es weniger Trophäen, sondern vor allem Eindrücke, die ich nie vergessen werde, die sich nicht einfach abschütteln lassen. Da ist der Name des Gefangenenlagers, das Wort, das meine Mutter sich kaum auszusprechen wagte, weil sie in Tränen ausbrach, wenn sie es nannte. Borovoi war auch für Russen ein Unwort. In wenigen Jahren werden die letzten Zeitzeugen verschwunden sein, ist im wahrsten Sinne des Wortes Gras über die Vergangenheit gewachsen. Nicht aber über die Erinnerung an unsere Vorfahren, ihre Ethik und ihre Einstellung zur Jagd. Unsere Vätergeneration sollte uns Vorbild sein. Ich fürchte, gute Vorbilder werden zunehmend weniger, und schlechte verderben die guten Sitten«, resümiert Georg.

Wir haben unsere Gläser geleert. Ich gehe hinaus, um Nachschub zu holen. Diva folgt mir. Tiefe Ruhe umgibt uns, friedliche Stille, so wie in der Einsamkeit der russischen Wildnis. Durch das filigrane Geäst der Eichen glitzern ein paar Sterne, lassen mich gedankenvoll zum Firmament hinaufstaunen.

Auch ich werde weiter jagen wie meine Väter – ohne moderne Hilfsmittel –, aber nicht mit den Wölfen heulen. Ich werde im fairen Wettstreit mit meinen Mitgeschöpfen bis an meine physischen und psychischen Leistungsgrenzen gehen, den würzigen Waldboden riechen, den Wind fühlen, die Natur schmecken, mit allen Sinnen in sie eintauchen, Freude an den Wundern in Feld und Flur haben, das steht auch für mich fest. Ich stimme mit Georg überein, sinniere ich. Diva schmiegt sich an mein Knie, drängt zurück in die warme Hütte an den Kamin, und so setze ich mich, mit frischen Getränken versorgt, wieder vor das Feuer. Diva legt sich auf die Sauschwarte und kringelt sich zufrieden ein. Die Flammen des Feuers werden allmählich kleiner. Wir kommen trotzdem nicht zur Ruhe.

Einen Moment lang schweifen meine Gedanken wieder hinaus aus der verqualmten Hütte in den Regen, in die Wälder, in denen ich so oft unbeschwert mit fröhlichen Menschen gejagt habe. Doch dann ist meine Neugierde auf Georgs Ausführungen stärker als die Erinnerungen an unbekümmerte Jagdtage, und der Freund redet leise weiter:

»Darwin behauptete, die Entdeckung des Feuers sei wahrscheinlich die größte, die, mit Ausnahme der Sprache, jemals von Menschen gemacht wurde, älter als der Anbruch der Geschichte. Früher sprach man von Edel-, heute von Rotwild oder dem ›großen braunen Rindenfresser‹. Raubvögel sind zu Greifvögeln mutiert, aus einer bunten Strecke ist Biodiversität geworden, vor weniger als 50 Jahren sprach man von Hege, junge Jäger reden von Wildmanagement. Das ändert nichts an der Sache, aber an der Wirklichkeit.

Worte und Bezeichnungen sind Symbole, die Wertvorstellungen transportieren und einem Wandel unterliegen, so wie Jagdmoral, Jagdethik und jagdliches Verhalten.

Es erscheint lächerlich, Tatsachen, Definitionen zu ändern, aber Sprache und Worte können zu Waffen werden, mit denen Wahrheiten verbrämt oder Andersdenkende am Sprechen gehindert werden. ›Die Gewalt von Worten kann manchmal schlimmer sein als die von Ohrfeigen und Pistolen‹, schrieb Heinrich Böll, und laut Carl von Clausewitz ist der Krieg die Fortsetzung der Politik mit anderen Mitteln.«

Aus Träumen werden Erinnerungen

Die Glut breitet sich bis zum Rand des eisernen Rostes aus. Allmählich kommen die Augen zur Ruhe. Noch einmal lodert das Feuer auf, beflügelt die Glut und unsere Gedanken, wird aber bald wieder müde, stiller, als würde es nachdenklich, um kurz darauf noch mal aufs Neue zu erwachen, voller Elan, voller Ideen, voller Träume. Als es keine neue Nahrung mehr bekommt, sackt das Feuer endgültig in sich zusammen. Rauch und Funken fliehen durch den Schornstein davon. Die Flammen werden kleiner, züngeln ein letztes Mal hoch, verlöschen endgültig, und Georg meditiert in die Stille:

»Hoffnung ist nicht die Überzeugung, dass etwas gut ausgeht, sondern die Gewissheit, dass es Sinn hat, zu kämpfen – egal, wie es ausgeht. Behalte deine Zweifel und Ängste für dich, aber teile deinen Mut und deine Zuversicht mit anderen.«

Gert G. von Harling

Gert G. von Harling ist als internationaler Autor bekannt. Er hat mehr als 80 Bücher und Hunderte von Artikeln zum Thema Jagd verfasst und genießt in jagdlichen Kreisen einen ausgezeichneten Ruf. Seine Werke befassen sich mit persönlichen Jagderlebnissen, der Jagdethik und -philosophie sowie mit Praxistipps und Ratschlägen für Jäger.

Sein vorliegendes Buch »Von Jägern und Gejagten« ist ein jagdphilosophischer Kriminalroman mit autobiografischen Zügen, der in der Welt der Jagd angesiedelt ist, ihre Wurzeln und das, was von ihnen die Zeiten überdauern wird, in den Fokus nimmt und zugleich einen hohen Spannungsbogen erzeugt.

Wer kennt sie nicht, die russische Matroschka, die aus Holz gefertigte und bunt bemalte Puppe in der Puppe in der Puppe? Ähnlich wie diese mit großer Handwerkskunst gefertigte Schachtelpuppe verpackt von Harling seine aktuelle Jagdgeschichte.

Im Rahmen eines mehrtägigen Jagdausfluges nach Mecklenburg-Vorpommern nutzt er die Gelegenheit, seine spannende Erzählung zu entwickeln – eine Erzählung, in der man das Rauschen des Waldes, das Knistern des Feuers hört und den Impuls verspürt, sein jagdliches Handeln zu reflektieren. Zwei Freunde, ein Jagdhund, eine einsame Hütte, ein Kaminfeuer – das reicht, in Gedanken in der Tradition alter Jagdreisen den Fährten dieser Erzählung nachzupirschen. Am Ende warten ein Doppelmord und die mitunter bittere Erkenntnis: Die moderne grüne Welt ist nicht mehr die, die sie einmal war, eine Welt voller Achtung vor der Schöpfung, Liebe zur Natur, Respekt vor dem Leben.

Rainer Schmidt-Arkebek

Rainer Schmidt-Arkebek, ein Meister in der Kunst der zoologischen Präparation und Dermoplastik, hat seine berufliche Laufbahn dem naturhistorischen Museum in Basel gewidmet. Dort vertiefte er sich nicht nur in seine beruflichen Pflichten, sondern auch in die Welt der Malerei. An der renommierten Fachhochschule für Kunst und Gewerbe feilte Schmidt-Arkebek an seiner künstlerischen Ader.

Seine neuesten Werke, die Chromagnonbilder, sind eine faszinierende Verschmelzung von Steinzeit und Moderne, die er kühn auf die Leinwand bringt. Diese Kunstwerke symbolisieren seine Überzeugung, dass das Jagen ein tief verwurzeltes, immaterielles Kulturerbe unserer Spezies ist.

Schmidt-Arkebek verkündet: »Wir alle sind heute noch Jäger und Sammler.« Seine tiefe Wertschätzung für Wildtiere als unsere Mitgeschöpfe durchzieht sein gesamtes Schaffen.

WEITERE INTERESSANTE BÜCHER AUS DEM JAGD-PROGRAMM

Gert G. von Harling
JAGD- UND JÄGERBRÄUCHE IM WANDEL
144 Seiten, 144 Zeichnungen
ISBN
978-3-275-02177-2
€ 19,95 / € (A) 20,60

Gert G. von Harling
JAGD-GESCHICHTEN
zwischen Tag und Traum
176 Seiten, 80 Bilder
ISBN
978-3-275-02280-9
€ 24,90 / € (A) 25,60

Gert G. von Harling
WOHIN DIE JAGD MICH RIEF
Abenteuergeschichten auf vier Kontinenten
160 Seiten, 80 Bilder
ISBN
978-3-275-02233-5
€ 19,95 / € (A) 20,60

Peter Waldmüller und Dirk Decker
KOCHLUST UND JAGDPASSION
Ein Kochbuch für heimisches Wildbret
176 Seiten, 258 Bilder
ISBN 978-3-275-02298-4
€ 29,90 / € (A) 30,80

Änderungen in Preis und Lieferfähigkeit vorbehalten.